编码曝光技术及应用

Coded Exposure Technology and Its Applications

黄魁华　徐树奎　程光权　陈超　冯旸赫　孙博良　著

国防工业出版社

·北京·

内 容 简 介

本书第 1 章为绪论,阐述了本书的研究背景和意义,总结了国内外相关研究工作进展,在此基础上介绍了本书的主要研究内容和贡献,最后给出了本书的整体组织结构。第 2~第 7 章分别就编码曝光技术最优码字搜索、单幅编码曝光模糊尺度估计、双目立体视觉运动测量以及高速视频影像重建问题进行了阐述。

本书可供计算机与信息专业相关的高年级本科生、研究生或从事相关专业的科研、教学人员学习与参考。

图书在版编目(CIP)数据

编码曝光技术及应用/黄魁华等著 . —北京:国防工业出版社,2020.6
ISBN 978-7-118-12087-5

Ⅰ.①编…　Ⅱ.①黄…　Ⅲ.①编码–曝光–研究
Ⅳ.①TB81

中国版本图书馆 CIP 数据核字(2020)第 056438 号

※

*国防工业出版社*出版发行
(北京市海淀区紫竹院南路 23 号　邮政编码 100048)
三河市众誉天成印务有限公司印刷
新华书店经售
*
开本 710×1000　1/16　印张 11¼　字数 185 千字
2020 年 6 月第 1 版第 1 次印刷　印数 1—1500 册　定价 85.00 元

(本书如有印装错误,我社负责调换)

国防书店:(010)88540777　　发行邮购:(010)88540776
发行传真:(010)88540755　　发行业务:(010)88540717

前　言

人类在对外界的感知过程中，至少有 80% 以上的外界信息是通过视觉获得的，视觉系统在人类活动中起着至关重要的作用。图像是人们记录视觉信息的主要载体，随着现代数字技术的发展以及数字图像成像设备的普及，数字图像已经与人类生活密不可分，在科学研究、工业生产、医疗卫生、教育、娱乐以及国防科技等领域得到了广泛的应用。

然而，在图像的成像、传输、存储和记录过程中，由于成像设备固有的物理局限性和外部环境条件等多方面的原因，图像在不同程度上都会产生质量下降问题，称为图像降质。图像降质给图像的进一步应用（如图像分析、场景理解、目标提取及识别等）带来相当的困难。在极端情况下，图像降质问题甚至使图像失去应用价值。对于图像获取来讲，许多场景是瞬间发生，无法重现或重现的代价过高，因此人们期望有一种技术能够弥补或找回由于图像降质丢失的视觉信息。图像复原就是这样一种技术，它的主要目的就是从降质图像中恢复出清晰图像或真实场景。在曝光期间，如果成像设备与拍摄场景之间存在相对运动，则拍摄的图像就会出现运动模糊。图像运动模糊属于图像降质的一种，并且无论在尖端的科学探索中还是在人们的日常生活中，运动模糊都是图像形成过程中普遍存在的问题。

图像运动模糊复原问题一直是图像处理领域中的著名难题，使用图像复原算法对传统的运动模糊图像进行复原是一个解决病态性问题的过程，图像复原效果不够理想。最近 10 年，计算摄影的出现创造性地突破了许多传统摄影技术的限制。计算摄影是基于计算机及软件方法融入大量的计算，并结合数字传感器、现代光学、激励器、智能光照等技术创造出新型摄影设备及应用的综合技术。编码曝光技术作为计算摄影领域的一个重要分支，为捕获运动目标的清晰图像提供了新的可能。编码曝光的核心思想是在相机曝光期间根据预先设计的伪随机二进制编码序列快速地开-关相机快门以保留高频信息，因此编码曝光也常称作闪动快门技术。与在曝光期间快门一直处于打开状态的传统相机不同，用编码曝光相机拍摄得到的运动模糊图像其点扩展函数的傅里叶变换频谱不含零点,属于宽带滤波器,因此点扩展函数是可逆的。这样一来,编码曝光图像的运动模糊复原可以采用快速的直接反卷积方法来获取清晰图像。由此可见,编码曝光技术成功地将病态的模糊图像复原问题转化为一种良态问题。可以说,编码曝光技术给传统的运动模糊图像复原方法提供了新的施展空间。本书以编码曝光这一新颖的成像方法为主线,以获取快速运动场景下可见光清晰影像为目标,研究了基于编码曝光技术的运动模糊图像复原方法和高速视频重建方法。

本书在编写过程中参考了国内外许多学者的著作、论文,引用了其中的观点、数据与结论,在此一并表示感谢。同时,本书的出版得到了国防工业出版社的大力支持,在此致以深深的谢意。

由于编者学识有限,书中定有偏颇或不妥之处,敬请读者批评指正。

编者

2019 年 7 月

目　录

第1章
绪　论

1.1　引　言

　　图像的运动模糊会严重地影响图像的视觉质量,更会对图像的高层次应用如图像分割、场景理解、目标提取及识别等造成巨大干扰。严重情况下,大尺度的图像运动模糊甚至使图像失去应用价值。

　　针对图像的运动模糊问题目前主要有两种常规的解决思路:一是在拍摄之后对采集到的模糊图像应用图像复原算法恢复出尽量吻合原始拍摄场景的清晰图像;二是在拍摄时通过大幅度减少相机的曝光时间来降低产生运动模糊的程度或者概率,例如使用高速相机或者相机的短曝光模式进行拍摄。

　　使用图像复原算法对传统的运动模糊图像进行复原是一个解决病态性问题的过程。图像运动模糊可以建模为清晰图像和一个点扩展函数(Point Spread Function,PSF)卷积的过程,而运动模糊图像复原是一个反卷积的过程。反卷积属于数学问题中的一类“反问题”,反问题的一个常见困难是病态性,即其方程的解不连续地依赖于观测数据,对观测数据的微小扰动就可能导致解的很大变动[1-2]。对于由普通相机拍摄的运动模糊图像来说,其点扩展函数不可逆,导致反卷积过程中解非常不稳定。因此,无论从理论分析上还是数值计算上来讲,单纯使用图像复原算法对传统的运动模糊图像进行复原都是非常困难的。近来,由于图像盲复原方法的突破[3-4],对于由相机抖动而产生的模糊尺度较小的模糊图像的复原取得了比较理想的效果[5-6]。然而,对于由成像设备与拍摄场景之间大尺度相对运动引起的运动模糊,图像盲复原方法的复原效果仍然不够理想。

通过大幅降低相机的曝光时间来获取清晰图像的方法是以牺牲图像信噪比为代价的,而且这种方法通常只能在强光照的环境下进行,一般要使用专门的高速相机[7]或者专门的补光设备。高速相机需要专门设计的高带宽的数据读取电路系统和高敏感度的传感器,价格一般非常昂贵。而且由于高速相机自带存储空间有限,为了达到较高的拍摄帧率,必须减少所拍摄图像的空间分辨率,也就是说,高速相机无法达到同时的高时间分辨率和高空间分辨率。即使这样,高速相机一般也只能工作很短的时间。例如,价值为30万美元的高速相机 FastCam SA5 在帧率为7500帧/s的情况下只能工作3s,而获取的图像空间分辨率只有100万像素[8]。所以,使用高速相机来拍摄快速运动物体其应用范围是非常有限的。

最近10年,计算摄影[9-13]的出现创造性地突破了许多传统摄影技术的限制。计算摄影是基于计算机及软件方法融入大量的计算,并结合数字传感器、现代光学、激励器、智能光照等技术创造出新型摄影设备及应用的综合技术[14]。编码曝光技术[15]作为计算摄影领域的一个重要分支,为捕获运动目标的清晰图像提供了新的可能。编码曝光的核心思想是在相机曝光期间根据预先设计的伪随机二进制编码序列快速地开关相机快门以保留高频信息,因此编码曝光也常被称作闪动快门技术。与在曝光期间快门一直处于打开状态的传统相机不同,用编码曝光相机拍摄得到的运动模糊图像其点扩展函数的傅里叶变换频谱不含零点,属于宽带滤波器,因此点扩展函数是可逆的。这样一来,编码曝光图像的运动模糊复原可以采用快速的直接反卷积方法来获取清晰图像。由此可见,编码曝光技术成功地将病态的模糊图像复原问题转化为一种良态问题。可以说,编码曝光技术给传统的运动模糊图像复原方法提供了新的施展空间。

近年来,备受国内外研究学者关注的压缩感知理论[16-19](Compressive Sensing,CS)从空间变换的角度建立了一种全新的信号描述和处理框架[20]。压缩感知理论指出,如果信号是稀疏的或在某个变换域中是稀疏的,那么就可以用远低于奈奎斯特采样定理要求的采样速率采样信号,并且能够无失真地恢复出原始信号。基于压缩感知的信号采样并不是对数据直接进行采集,而是通过一个具有压缩特性的随机测量矩阵去感知信号。由于自然信号(如图像、视频等)都存在大量的冗余信息,也就是说,只要能设计出合理的随机采样方案,那么使用普通帧率的随机曝光相机就有可能重建出高速视频信号。与普通相机的曝光方式相比,编码曝光技术恰好可以看作一种在时间轴上进行的随机压缩采样过程。如果能将压缩感知理论和编码曝光技术巧妙地结合起来,那么就有望为高速成像带来新的可能。

从上面的分析可以看出,编码曝光这一朴素的创新理念同时为运动模糊图像复原和高速成像提供了新的发展机遇,而运动模糊图像复原和高速成像正是目前在成像设备与拍摄场景之间存在相对运动状态下获取目标清晰影像的两种最基本同时也是最主要的手段。

然而,将编码曝光技术付诸实践仍面临很多困难。在将编码曝光技术应用于运动模糊图像复原时,最优二进制编码序列搜索和编码曝光图像运动模糊尺度估计最为关键。对于最优二进制编码序列搜索算法来讲,其搜索空间呈指数级增长,计算的时间复杂度很高,当前提出的一些最优二进制编码搜索方法对于长度较长的码字的搜索基本上无法完成或者耗时过长。所以,研究最优二进制编码的快速搜索方法很有意义。另外,编码曝光技术要求相机的 CCD 传感器支持光电子的多次累积,这一过程不可避免地放大了成像噪声,因此从实用化的角度出发,在最优二进制编码设计方面要充分考虑 CCD 传感器噪声的影响。对于由编码曝光相机拍摄的运动模糊图像,其模糊尺度的估计是一个难题,由于编码曝光技术特殊的快门开关方式改变了模糊图像点扩展函数的频率响应,使得编码曝光图像的运动模糊变得非连续。当前流行的针对由普通相机拍摄得到的运动模糊图像的模糊尺度估计方法无法应用于编码曝光模糊图像,因此亟需一种针对编码曝光模糊图像的模糊尺度自动估计方法。将编码曝光技术和压缩感知理论结合进行高速成像的探索更是一个全新的领域,其中,如何对要捕获的高速视频信号进行有效的稀疏表示以及如何设计鲁棒的重建模型是问题的关键。

1.2　图像的降质和复原

对图像复原技术的研究可以追溯到 20 世纪五六十年代的太空探索。美国和苏联就开始致力于太空项目的研究,希望能够获得关于太阳系和地球的全方位照片,全面地了解我们生活的这个空间。但由于大气折射率的变化、航天器的振动、较慢的快门速度造成曝光过程中成像器件与拍摄目标物之间的相对运动、噪声以及数据传输过程中的信息丢失等,这些都导致了获取图像质量的严重退化甚至变得完全不可用。例如火星探测计划中的Mariner 4,经过几亿千米的航行靠近火星,在1万多千米的范围内,每48s获取一张200像素×200像素、每像素分辨率仅为3km的电视图像,而且仅仅获得了22张。这些图像传回地球用了4天的时间。按照比特传输计算其成本,大约是每比特消耗1000万美元。在太空中获取图像,由于相对较慢的成像速度与相对极快的飞行器速度,加上飞行器本身的振动等因素,成像质量不高,图像降质不仅会降低图像的科学价值,同时也是巨大的经济损失[1]。然而,在航天项目中投入的巨大经费支出以及对太空时代的幻想,让人们想尽各种办法来提高获取的图像质量,包括硬件的不断更新换代,期望从源头上解决问题,同时也有很多人提出的各种各样的算法,用来事后恢复降质的图像。从20世纪60年代开始,国外报道的许多重大科技成果都包括有图像复原技术的成果,如月面和火星表面探测、阿波罗登月事件,以及若干天文观测成果。1978年美国政府重新调查肯尼迪总统被刺事件时,也利用了现场拍摄的运动模糊照片进行复原处理,并作为调查案件的辅证[1]。近几十年来,随着图像复原技术的发展,其应用范围已经扩展到了遥感、空间探索、军事、国家安全、交通、医疗以及案件侦破等众多领域。

在成像设备成像期间,成像设备与拍摄场景或拍摄物体之间存在相对运动,获得的图像就会模糊不清,称为运动模糊。图像运动模糊是图像降质中较为普遍的一种形式。随着图像应用的发展,很多高速飞行器均装备有各型的图像采集设备用于对地探测和导航等应用,对于高速飞行器来说,航拍图像运动模糊问题更成为制约飞行器应用的重要因素,在光照条件不理想的情况下,甚至使飞行器无法执行任务。例如我国对月探测卫星在低轨运行时与月球表面的速高比非常大,尤其在卫星运行至月球背光面时,卫星携带的图像传感器就非常容易产生运动模糊问题,这对于耗资巨大的探月工程来说是不可容忍的,同时也将严重影响我国探月工程的进展。在高速公路上抓拍超速汽车时,也经常会因为车速过高导致系统拍摄到的图像存在运动模糊问题而使监控系统失去意义。甚至在人们使用数码相机拍摄生活照片时,也会因为室内光线条件不好导致照片运动模糊而错过美好的瞬间。由此可见,无论是在尖端的科学探索中还是在人们的日常生活中,运动模糊都是图像形成过程中普遍存在的问题,运动模糊图像都给人们带来了很多的不便,图像运动模糊复原技术成为迫切需要解决的关键问题。

运动模糊图像复原是图像处理领域中的一个基础性研究问题也是该领域中一个经典难题。与其他形式的图像降质相同,运动模糊可以用一个运动模糊核函数和清晰图像的卷积过程来描述,运动模糊图像的复原可以看成是一个反卷积的过程。但运动模糊与其他形式的图像降质不同,运动模糊是由于成像设备与被摄场景之间存在相对运动所导致的,运动过程的复杂性决定了运动模糊不能使用统一的点扩展函数模型来求解,这也决定了运动模糊图像的复原要比离焦模糊等模型统一的降质图像复原要困难得多。另外,反卷积属于数学物理问题中的一类"反问题",反问题的一个共同特点是病态性,即其方程的解不连续地依赖于观测数据,观测数据的微小变动就可能导致解的很大变动。由于以上的这些特性,运动模糊图像复原的过程无论是理论分析或是数值计算都是非常困难的。

经过几十年的研究,产生了一些行之有效的图像复原方法,但是多数成果在不同的场景下,复原效果差别很大,因为这些算法都是在假定的前提条件下提出的,而实际的运动模糊图像,却不一定能够满足这些算法前提,或者只满足其部分前提。运动模糊图像复原的关键是要估计出运动模糊的过程,并据此采取逆运算以求得原始清晰图像。对导致图像运动模糊的核函数的估计和反卷积求解是运动模糊图像复原的两个关键步骤。传统图像复原领域在运动参数估计和反问题的求解方面作了大量的研究,出现了很多估计和求解方法,但在实际应用中还存在着估计参数与实际运动不符、计算量巨大、振铃效应明显等问题,算法的实用性有待进一步提高,而另一方面,天文、军事、道路交通、医学图像、工业控制及侦破等众多领域对图像复原的实用性又有着迫切的需求。因此,对运动模糊图像复原技术进行深入研究具有重要的理论价值和现实意义。

运动模糊问题是由于传统图像采集设备所固有的曝光时间限制所导致的难以避免的问题。要解决这一问题,一方面可以提高图像采集设备的性能降低曝光时间,然而这种降低是以牺牲图像信噪比为代价的,严重情况下会失去图像作用,并且受设备体积乃至成本的限制,这种方案似乎难以适用于所有应用。另一方面,研究合适的图像复原算法,在获得模糊图像后进行复原处理,但正如前面所述,单纯对一幅运动模糊图像复原是非常困难的。计算摄影通过对传统成像设备的改造,应用计算机技术、现代传感器技术、新的理论和方法突破运动模糊图像复原这一难题。采用计算摄影技术解决运动模糊图像复原问题成为近几年国内外研究的热点。

1.3 国内外相关研究工作进展

▶ 1.3.1 传统图像复原算法

虽然编码曝光技术解决了传统运动模糊图像点扩展函数病态性的问题,但对获取到的编码曝光模糊图像依然需要可靠的图像复原算法对其进行复原,以得到清晰图像。图像复原的主要目的就是实现一个反卷积。从数学上讲,即使在点扩散函数已知的情况下,反卷积也是一个病态问题。因此,本小结简要介绍一下传统的图像复原算法。

与数字图像处理的基本方法一样,反卷积求解过程可以分为频域求解和空间域求解两类。按照求解过程的分类,表1.1中列出了一些经典的图像复原方法。频域方法通过傅里叶变换使数值求解过程快速完成,空间域方法通过矩阵运算进行数值求解。频域法不能利用图像的先验知识,而空域方法则能够充分利用图像先验知识,因而越来越多的空间域复原方法得到应用。

表 1.1 图像复原方法的分类

频域方法	空间域方法	
	线性代数方法	非线性方法
逆滤波	伪逆滤波法	统计方法
维纳滤波	最大熵估计法	神经网络方法
卡尔曼滤波	正则化约束复原法	迭代背向投影方法

1. 逆滤波法

在20世纪60年代中期,逆滤波法开始被广泛地应用于数字图像复原。Nathan用二维逆滤波法来处理由漫游者、探索者等外星探索发射器得到的图像[21]。在同一个时期,Harris采用点扩散函数的解析模型对望远镜图像中由于大气扰动所造成的模糊进行了逆滤波处理[22],Mcglamery则采用了由实验室确定的点扩散函数来对大气扰动进行逆滤波处理[23]。此后逆滤波法就成了图像复原的一种基本方法。但是这种方法的前提条件是导致图像降质的滤波器是可逆的,然而通常情况下,由于图像降质模型中滤波器不可逆或者逆滤波器不够稳定导致逆滤波方法对图像中噪声很敏感,在噪声较大的情况下,图像恢复的效果不理想。

2. 维纳滤波法

Helstrom 采用最小均方误差估计方法,提出了维纳滤波器[24]。Slepian 将维纳滤波推广用来处理随机点扩散函数的情况[25]。其后,Pratt 提出了提高维纳滤波计算的方法[26]。维纳滤波算法可实现最小均方误差复原,当图像的频率特性和噪声已知时,维纳滤波的效果较好;当峰值信噪比较低时,效果不太理想。

3. 伪逆滤波法

在轻微模糊和适度噪声条件下,Andrews 和 Hunt 对逆滤波器、维纳滤波器进行了对比研究,其结果表明:在上述条件下,采用反卷积(逆滤波)效果较差;而维纳滤波会产生超过人眼所能承受的严重的低通滤波效应。在此基础上,他们提出一种基于线性代数的图像恢复方法[27-28]。它为恢复滤波器的数值计算提供了一个统一的设计思路。这种方法可以适用于各种退化图像的复原,但是由于涉及的向量和矩阵尺寸都非常大,因此线性代数方法可能无法给出一种高效的实现算法。

4. 卡尔曼滤波法

卡尔曼滤波是一种递推线性最小方差估计的方法,是根据前一个估计值和最近一个观测数据来估计信号的当前值,对于状态空间模型的状态矢量估计是一种强有力的手段,在理论上具有重要价值[29]。虽然该方法可用于非平稳图像的复原,但是因计算量过大,限制了其实际应用的效果。Wu 对卡尔曼滤波方法进行了改进,不仅提高了速度,而且考虑了应用于非高斯噪声的情况[30]。Citrin 也对卡尔曼滤波方法进行了改进,提出了块卡尔曼滤波方法[31]。Koch 等提出了扩展卡尔曼滤波复原方法,该方法可以较好地复原不同类型的模糊图像[32]。以上的改进算法对于防止滤波发散具有一定的应用价值,但是这些方法并不能达到降低模型误差的目的,在应用中并不具有普适性。因为卡尔曼滤波要求已知信号的状态模型,而实际系统的数学模型的建立是较为复杂的,很多情况下甚至不可能建立精确的数学模型。

5. 最大熵估计法

最大熵估计法的基本原理是将图像像素看作随机变量,在一定的约束条件下,找出随机变量的熵的表达式,再用求极大值的方法,在图像复原问题的所有可行解中,选择熵最大的解作为最优估计解[33]。Frieden 最先将最大熵方法引入到图像复原中,他定义的熵的形式与 Shannon 的信息熵是一致的[34]。鉴于最大熵方法是通过迭代方式求解,计算量较大,因此 Frieden 将最大熵恢复问题转化为对逆滤波结果的一个修正,提出了一种基于闭合形式解的快速算法[35]。Matthew 等将原有的熵表达式用其一阶 Taylor 展开式代替,提出了一种最大熵快速算法[36-37]。最大熵估计法的优点在于不需要对图像先验知识做更多假设,可在细节恢复和抑制噪声之间取得较好的平衡,而且大多数的最大熵恢复算法还可恢复残缺图像(不完全数据)。但是最大熵方法在数值求解上是较为困难的,通常只能用迭代法求解,计算量较大,从而限制了它在一些领域中的应用[38]。

6. 正则化方法

正则化方法是由苏联数学家 Tikhonov 提出来用于处理病态问题的方法[39],是一种比较通用且有效的将病态问题变换成良态问题的理论方法。正则化方法的基本思想就是利用关于解的先验知识,构造附加约束或改变求解策略,使得反问题的解变得唯一确定和稳定。正则化方法的关键是形成表述约束条件的正则项,将正则项融入目标函数并使其最佳化。Tikhonov 正则化方法是在一个空间的最小方差近似问题,能够平衡精确性和平滑性[40-41]。Murli 提出基于 Tikhonov 正则化的维纳滤波方法,能够将复原病态问题转化为良态问题求解[42]。Barakat 等改进了 Tikhonov 方法,为算法增加了一个关于解的先验模型,与传统模型相比,该模型包括了局部信息,复原效果较为理想[43]。近几十年来正则化方法已得到了较大的发展,但是正则化方法中的正则项和正则化参数的选择是一个难点,而它们选择得有效与否会直接影响到图像复原的效果。

7. 统计方法

统计方法主要有最大后验估计法和最大似然估计法,它们都是在贝叶斯框架下通过条件概率最大化来复原图像,不同的是最大后验估计是在已知模糊图像的前提下求出最有可能出现的原始图像,而最大似然估计则是所估计出的复原图像应能使得已知的模糊图像更可能出现。如 Richardson-Lucy(R-L)方法假设图像统计特性是服从泊松分布,然后采用最大似然估计法复原图像[44-45]。之后,Dey N 等在 R-L 方法的基础上提出了引入总变差分正则化约束的改进算法[46]。图像的先验概率模型和条件概率模型的不同决定了统计方法之间的差别。1974 年 Besag 把马尔可夫场(MRF)引入到图像处理领域中,目前已经在图像恢复、分类、分割等方面得到了广泛应用。MRF 本质上是一个条件概率模型,结合贝叶斯准则把问题归结为求解模型的最大后验概率估计,进而转化为求解最小能量函数的优化组合问题。目前图像的先验概率模型主要有马尔可夫[47-49]、广义高斯模型[50]、联合的高斯马尔可夫场[51]、局部高斯模型[52]、隐马尔可夫树模型[53]等,而图像的条件概率模型主要有高斯模型[54-55]和泊松分布模型等。这类方法最大的不足在于当先验概率模型和条件概率模型与实际图像不完全符合时,其复原效果会受到很大影响[56]。由于点扩展函数估计不准确造成图像复原效果较差,一些基于先验知识约束的方法[57-60]被提出来克服这一问题。

随着研究的深入,一些新的数学工具也被引入到图像复原领域当中。Zhou 第一个把 HNN(Hopfield Neural Network)应用到模糊图像恢复中,他提出了一种 ZCVJ 算法,该算法可以保证 HNN 收敛的稳定性[61]。但是这种方法的收敛时间比较长。后来 Paik 和 Katsaggelos 提出了改进的 MHNN(Modified Hopfield Neural Network)进行灰度图像恢复[62]。N. X. Nguyen[63]在其博士论文中提出采用小波变换的图像复原方法,随后,基于小波理论的方法相继应用于图像复原领域[64]。

▶ 1.3.2 基于编码曝光的运动模糊图像复原

由上面的叙述可知,目前已经发展了众多的非盲图像复原算法。但是由于普通相机拍摄运动物体时,其曝光过程相当于在时间域上定义了一个盒式滤波器,盒式滤波器的低通特性破坏了场景中重要的高频细节信息,使用非盲图像复原算法进行复原时也难以恢复出这些高频信息甚至导致复原图像中存在严重的振铃效应。为了解决图像复原过程的病态性问题,Raskar 等创造性地提出了编码曝光技术[15]。与普通相机在拍摄时快门一直处于打开状态不同,编码曝光相机在曝光期间根据预先设置的随机二进制编码序列(简称码字)快速地开关快门。通过这种相机快门的快速开关过程,编码曝光相机在时间轴上定义了一种宽带滤波器,有效地保留了场景中的高频信息,使得模糊图像的点扩展函数频谱不含零点,原本病态的图像复原成为一个良态问题。

虽然编码曝光技术使得病态的图像复原问题转为良态问题,但决定曝光期间快门开关动作的二进制编码序列对复原图像的质量有很大影响,如何寻找最优的编码序列成为一个亟待解决的难题;另外由于编码曝光相机这种快门的随机开关方式让原本连续的曝光过程变成一种分段累计的过程,于是拍摄得到的模糊图像其运动信息也是非连续的,这给编码曝光模糊图像点扩展函数的估计带来新的困难。这两个问题自然也成为研究编码曝光技术必须要解决的难题。

1. 寻找编码曝光最优编码序列

Raskar 等首先研究了如何搜索编码曝光相机最优码字的问题,并且提出了最优码字的两条标准:"最大-最小标准"和"方差最小标准"。这两条标准分别是指使得搜索得到的二进制码字的傅里叶变换频谱的最小值最大同时使得频谱的方差最小。基于这两条标准,Raskar 等使用随机线性搜索方法得到一个长度为 52 的近似最优码字[15]。Agrawal 和 Xu 同时考虑编码曝光模糊图像点扩展函数的可逆性和易估计性,提出了一种寻找最优码字的方法[65]。他们使用 MFB 方法[66]进行模糊图像的点扩展函数估计,所提出的最优码字搜索方法也更多的为了迎合 MFB 方法对模糊图像中运动信息平滑性的要求,其实是以损失点扩展函数的可逆性为代价的,因此增加了复原图像的噪声。Agrawal 等[67]随后研究了一种针对运动去模糊图像的最优获取策略问题,从实验的角度探讨了编码曝光码字构造对图像恢复结果的影响。McCloskey 探讨了使用编码曝光技术获取快速移动物体的清晰图像的问题,证明了编码曝光最优码字依赖于被拍摄物体的移动速度[68];同时研究了编码曝光相机的读出噪声和激发脉冲次数的关系,提出在编码曝光相机获取图像过程中应使用尽量少的激发脉冲次数以减少读出噪声,最后综合这些因素提出了一种速度依赖的最优码字获取算法。在文献[69]中,Mc-Closkey 等进一步研究了最优码字的选取问题,认为依据 Raskar 等提出的两条标准产生的编码序列所拍摄的编码曝光图像,其复原图像的最小均方误差无法达到最优。自然图像的能量谱分布并不是均匀的,而是大部分能量集中在低频部分。基于最大-最小准则的方法在全频率空间平等对待码字傅里叶变换能量谱,寻找使能量谱最小值最大的码字为最优,不能完全符合自然图像能量谱的分布特性,因此 McCloskey 等另外增加了五条新标准去重新定义最优码字。利用他们的方法得到的复原图像质量得到很大的提升,但是由于他们使用多次回归的方法训练参数的权重,以及基于大量的自然图像统计信息去匹配最佳的码字,这种方法十分耗时。Y. Tendero 等同样研究了考虑被拍摄目标运动速度条件下最优码字搜索问题[70],给出了一个链接最优码字与被拍摄运动目标期望速度概率密度函数的解析表达式。最近，Jeon 等[71]创新性地提出将信息论领域中研究较为成熟的低互相关度的二进制编码序列用于编码曝光。他们对勒让德序列进行了几种简单操作，得到了性能优越的二进制编码序列，取得了很好的图像复原效果。由于勒让德序列可以由公式直接计算得来，这种基于修改勒让德序列的最优码字选取方法计算效率很高，可以实现实时计算。

2. 编码曝光点扩展函数估计

运动模糊图像复原问题的挑战性在于它既依赖于鲁棒的非盲图像复原算法又依赖于精确的点扩展函数估计。由于相机曝光时间一般很短，在这么短的曝光间隔内观察到的物体运动可以近似为水平方向上的匀速直线运动[72]。对于匀速直线运动的模糊图像其点扩展函数等价于对运动模糊尺度的估计。由于编码曝光特殊的编码设计使得编码曝光图像的频谱图像中不含零点，因此目前流行的用于传统运动模糊图像模糊尺度估计的倒谱分析方法[73-76]无法用于编码曝光模糊图像的模糊尺度估计中。Raskar 等采用手动标绘的方式估计编码曝光图像的模糊尺度，但同时指出亟需研究能够自动估计出编码曝光图像模糊尺度的方法。Agrawal 和 Xu 基于数字抠图技术[77]使用 MFB 方法去估计编码曝光图像的运动模糊尺度和方向[65]。这种方法的缺点在于数字抠图技术要求图像的前景和背景的对比度明显，这一要求对于很多图像来讲过于苛刻，因而限制了该方法的应用范围。Agrawal 等人随后利用编码曝光技术研究了其在视频运动模糊复原中的应用，同时探讨了点扩展函数的估计问题[78]。Tai 等[79]基于运动模糊投影模型去估计编码曝光图像空间移变的运动模糊信息，然而这种方法也需要人工的参与，并且要求使用者有一定的图像处理专业技能，是一种半自动的图像模糊信息估计方法。Ding 等[80]使用自然图像能量谱统计去估计编码曝光图像的运动模糊信息，分别讨论了物体在匀速直线运动、匀加速直线运动以及钟摆运动三种运动形式下产生的运动模糊图像的点扩展函数的估计问题，并且给出了公式化的结果。

▶ 1.3.3 基于编码曝光和压缩感知的高速成像技术

使用高速成像技术来捕获快速移动的物体是避免图像运动模糊的另一个有效途径。传统的高速相机主要存在着价格昂贵、对光照环境要求苛刻以及难以同时到达高的时间–空间分辨率三个方面的问题。一些研究者们尝试使用多个低帧率的普通相机组成相机阵列来实现高速成像。Shechtman 等[81]通过对 N 个帧率为 f 的低帧率相机进行时间上交错排列曝光的模式来实现高速成像。交错排列曝光即相邻的两个相机开始曝光的时间相差 $1/Nf$，这样最后重建得到的高速视频的帧率为 Nf。类似地，斯坦福大学的 Wilburn 等使用 100 个 30 帧/s 的普通相机组成相机阵列可以重建获得 1000 帧/s 的高速视频帧[82]。Agrawal 等[83]改进了 Shechtman 等的交错排列曝光方案，使用多个编码曝光相机组成的相机阵列来完成高速摄影，由于编码曝光技术可以将 Shechtman 等面临的病态重建过程转变为良态问题，因此有效地提高了所获得的高速视频的质量。使用相机阵列来实现高速摄影的方案克服了传统高速相机对于光照环境具有特殊要求的限制，同时高帧率视频的获得不需要以降低视频帧的空间分辨率为代价。然而，相机阵列需要高精度的相机配准算法来实现精准同步，并且使用多个相机显然增加了许多硬件成本。

也有研究者们尝试在视频的空间分辨率和时间分辨率之间找到一个折中方案来实现高速视频，主要是选择以牺牲部分空间分辨率来获得更高的时间分辨率。Gupta 等[84]提出一种灵活的后处理方式来实现空间–时间分辨率折中策略，通过搭建一个能对单个像素进行曝光控制的原型系统，对拍摄后的视频进行空间–时间分辨率的重新分配，对包含运动物体的区域通过降低空间率来提高时间分辨率以实现该区域的高速成像，对不含运动物体的区域采用高空间分辨率低时间分辨率来实现高清成像。Bub 等[85]提出了类似的解决方案，通过降低视频的空间分辨率来提高时间分辨率，但是该方案同时也限制了进光量。Gu 等[86]基于 CMOS 相机提出了一种编码滚动快门的方式实现了空间分辨率和时间分辨率的有效折中。

无论是使用相机阵列的方案还是基于视频空间–时间分辨率折中的方案都只能解决高速相机某些方面的不足，难以同时有效解决高速相机面临的三个方面的难题。

编码曝光技术可以看作是对高速视频信号在时间轴上的随机采样过程。近年来，备受国内外研究学者关注的压缩感知理论证明了只要被采集信号足够稀疏，就可以在保证信息不损失的情况下，用远低于奈奎斯特采样定理要求的速率采样信号并能完全恢复信号。受此启发，最近计算摄影领域的研究者们开始尝试将编码曝光技术和压缩感知理论进行结合来实现对高速视频信号的压缩采样，以破解传统的高速成像面临的难题。

Veeraraghavan 等[87]首先使用编码曝光相机采集高速的具有周期特征的视频信号,得到低帧率的编码曝光图像序列,然后利用压缩感知重建理论从这些低帧率的图像序列中恢复出高速视频帧序列。因为周期信号在傅里叶变换域中能被很好地稀疏表示,所以他们用 25 帧/s 的编码曝光相机就能重建出 2000 帧/s 的高速视频信号。但是由于该方法只能用于捕获具有周期特征的高速视频信号,因而使用范围很有限。基于此考虑,Holloway 等[88]尝试使用单个编码曝光相机结合压缩感知重建技术去获取普通场景的高速视频,并提出了两种重建方法,分别从低帧率的编码曝光图像序列中重建高速视频帧:一种基于最小化高速视频信号帧间冗余的全变分;另一种基于数据驱动的字典学习方法。同样使用 25 帧/s 的编码曝光相机,Holloway 等提出的方法可以重建获得 200~300 帧/s 的高速视频。Wu 等提出使用同步工作的多个低帧率的编码曝光相机去捕获高速视频的方法。通过对 3D 高速视频信号的稀疏表示,使用凸优化技术从 K 个编码曝光相机拍摄的 K 幅图像中重建出高速视频帧。Wu 等[89]同时还探讨了能对单个像素进行编码控制的编码曝光相机用于高速视频重建的问题,并做了实验模拟,证明了相对于 Raskar 提出的对单帧编码控制的编码曝光技术的优越性。Reddy 等[8]搭建了一个可以对单个像素进行编码曝光控制的成像装置去捕获高速视频,这个成像装置称作 P2C2 相机(programmable pixel compressive camera,P2C2)。在 P2C2 相机里,传感器的每个像素位置都有一个独立的快门进行编码曝光控制。他们分别用小波基和光流的亮度一致性理论去稀疏表达高速视频信号的空间冗余和时间冗余,通过建立一个凸优化的重建模型,从低帧率的 P2C2 图像序列中非常有效地重建出高速的视频信号。Hitomi 等[90-91]同样搭建了一个可以对单个像素进行编码曝光控制的成像装置来获取高速视频。他们通过对大量的随机选择的视频场景片段的学习,构建了一个过完备字典来对高速视频信号进行有效的稀疏表示,然后利用稀疏重建技术从单幅编码曝光图像中重建出高速视频帧。Sankaranarayanan 等[92]使用单像素编码曝光技术获取超低分辨率的视频帧作为预览帧,然后从这些预览帧中计算光流信息来获取场景中的运动信息,最后利用这些运动信息去重建高速视频信号。Portz 等[93]提出了一种通过对单个像素进行曝光控制的编码成像技术来获取高速、高动态范围的视频信号。与 Raskar 等提出的只能进行单帧编码曝光控制的编码曝光技术相比,利用单像素编码曝光控制技术进行高速视频重建能够得到更高的视频帧率和更好的视频重建质量。但

13

单像素编码曝光控制技术目前的硬件实现只能通过数字微镜片阵列或者LCOS设备,而这两种设备却不适合相机的小型化和易移动的要求[88,93]。基于在现有数字传感器上容易实现的考虑,本书依然基于 Raskar 等提出的单帧编码曝光控制技术结合压缩感知理论去尝试实现高速成像。因此,如没有特别说明,本书提到的编码曝光技术都是指 Raskar 等最初提出的闪动快门的曝光方式[15]。

1.4 本书内容安排

基于后处理方式的模糊图像复原方法,以及高速成像技术是当前在成像设备与拍摄场景之间存在大尺度相对运动条件下获取目标清晰图像的两种基本途径。本书以编码曝光这一新颖的成像方式为主线,以获取快速运动场景下可见光清晰影像为目标,研究了基于编码曝光技术的运动模糊图像复原方法和高速视频重建方法。

编码曝光技术最初提出是为了解决传统的运动模糊图像复原的病态性问题。编码曝光相机在曝光期间根据预先设计的伪随机二进制编码快速地开关快门。通过这种方式编码曝光相机相当于在时间轴上定义了一种宽带滤波器,使得所获取的编码曝光模糊图像的点扩展函数可逆,编码曝光模糊图像的复原成为了一种良态问题。最优二进制编码的选择和编码曝光图像模糊尺度的精确估计是决定编码曝光图像复原质量的关键。针对编码曝光相机最优二进制编码的搜索问题,本书主要从算法的实时性和实用性两个方向出发进行相关研究工作。因为二进制编码序列的搜索空间随着编码长度呈现指数级增长,当前方法对于长度较长的码字的搜索基本无法实现,或者耗时过长。本书在寻求尽量提高图像质量的前提下,进行了编码曝光最优二进制编码快速搜索方法的研究。另外,由于编码曝光相机累次曝光的方式增加了成像噪声,从实用化的角度出发,在设计、搜索编码曝光最优码字的过程中也要考虑到 CCD 噪声的影响。因此本书研究了 CCD 噪声条件下的最优码字搜索问题。编码曝光相机特殊的快门开关方式改变了模糊图像点扩展函数的频率响应,使得目前流行的模糊图像运动参数估计方法无法应用于编码曝光图像中。本书针对编码曝光图像的特点,研究了基于自然图像能量谱统计分析的模糊尺度自动估计方法和基于双目立体视觉的运动测量方法。

编码曝光技术可以看作是对高速视频信号在时间轴上的随机采样过程。压缩感知理论指出，只要信号能够在某个变换域下被稀疏表示，那么就可以用远低于奈奎斯特采样定理要求的速率采样信号。高速视频信号无疑存在着巨大的空间冗余和时间冗余。受压缩感知理论的启发，本书研究了基于单个编码曝光相机进行高速视频信号重建的工作，详细阐述了本书搭建的基于单个编码曝光相机进行低帧率编码视频采集的框架，并根据高速视频信号的特点，研究了如何构建适合三维高速视频信号的稀疏表示基，以及如何进一步稀疏表达高速视频信号的时间冗余，最后通过构建稳定的凸优化重建模型实现从低帧率的编码视频中重建出高质量的高速视频帧。

本书主要内容和组织结构具体如下：

第 1 章，阐述了本书的研究背景和意义，给出了图像运动模糊及复原的相关概念，总结了国内外相关研究工作进展，在此基础上介绍了本书的主要研究内容和贡献，最后给出了本书的整体组织结构。

第 2 章，主要描述了本书工作所涉及的一些基础知识和理论。首先从数学机理上描述了相机成像模型和运动模糊模型，针对传统模糊图像复原的病态性引出了编码曝光技术，简单介绍了编码曝光模糊图像点扩展函数的计算方法，最后简要概述了压缩感知相关理论以及编码曝光和压缩感知如何有效结合进行高速成像的算法框架。

第 3 章，主要研究了基于勒让德序列的编码曝光最优码字的搜索问题。首先阐述了低互相关度二进制编码的一些概念，并解释了将其作为编码曝光码字的关联和优势。然后重点介绍了如何将勒让德序列用于编码曝光技术，在对勒让德序列进行改进后采用遗传算法进行最后的全局优化搜索，最后给出了本章方法的实验结果和分析。

第 4 章，主要研究了 CCD 噪声条件下编码曝光最优码字搜索问题。首先系统描述了数字成像过程中的 CCD 噪声；其次深入研究了光子噪声对于编码曝光最优码字构造的影响，并在此基础上对真实编码曝光相机进行了噪声标定；再次，提出了考虑光子噪声的遗传算法适应度函数，并使用遗传算法进行最优码字搜索；最后给出了实验结果和分析。

第 5 章，主要研究了基于单幅编码曝光模糊图像进行模糊尺度自动估计的问题。首先描述了传统的基于运动模糊图像频谱分析的模糊尺度估计方法；然后重点阐述了自然图像能量谱统计数据分析，在此基础上提出了基于自然图像能量谱统计数据残差平方和最小化的编码曝光模糊图像模糊尺度自动估计方法;最后给出了实验结果和分析。

第6章,针对双目立体视觉的运动测量问题,研究了双目立体视觉模型和立体定位算法,在此基础上提出了基于立体-运动双约束 SIFT 立体运动测量方法。对于由运动目标导致的局部运动模糊应用,提出了基于彩色"减背景"和 SUSAN 的精确目标检测算法,检测获得运动目标区域后,仅在目标区域内进行特征检测和运动测量,大幅降低运动测量的计算量。最后给出了详细的实验结果及分析。

第7章,主要研究了使用单个编码曝光相机结合压缩感知理论进行高速视频数据重建的问题。首先描述了本书利用单个编码曝光相机进行低帧率采样的过程;然后描述了高速视频数据的非对称结构,在此基础上引出了本书提出的使用克罗内克积构造双曲线小波基来稀疏表达高速视频数据的问题,并在使用高速视频帧间冗余的全变分正则化项对高速视频数据的时间冗余进行进一步稀疏化的基础上提出了本书的高速视频重建的凸优化模型;最后给出了本章算法的实验结果和分析。

第 2 章
图像运动模糊模型及编码曝光技术概述

图像复原的目的是将运动模糊图像尽可能恢复到原来的真实面貌。因此,图像复原是图像运动模糊的逆过程。需要首先分析图像成像及运动模糊的机理,对图像运动模糊过程进行数学建模,在此基础上,通过其逆过程的模型计算,从模糊图像中复原出尽量吻合原始拍摄场景的真实图像。在研究基于编码曝光技术的图像复原之前,有必要简要了解图像运动模糊的数学模型。

基于压缩感知理论的编码成像技术是最近几年发展起来的一个全新领域,其中基于压缩感知重建理论,采用编码曝光的随机数据采样方式实现高速成像是研究的热点,也取得了一系列的成果。与运动模糊图像复原技术相比,使用高速成像技术去捕获快速运动物体的清晰影像具有很多方面的优势,例如可以描述更加丰富的场景信息以及处理更加复杂的物体运动形式等。

2.1 相机成像模型

▶ 2.1.1 数码成像原理

图像运动模糊是由于相机在成像过程中与被摄物体之间存在相对运动

造成的图像降质问题。在传统摄影技术中使用胶片相机已经被使用数字图像传感器的数码相机所取代,我们这里略过胶片相机,主要针对数字图像的成像原理进行研究。深入研究数码相机成像原理对运动模糊的形成过程有重要的意义。

图像是对客观世界的一种相似性的生动模仿或描述,通常说的图像是指能为视觉系统或成像传感器所感知的客观世界物体的信息描述形式。图像实质上是客观世界反射或投射的某种能量辐射的空间分布被眼睛或传感器记录下来的内容,能够在一定程度上反映物体的某些特性。图像记录的内容与辐射源的强度、波长以及物体的反射、透射能力有关。物体 p 在时刻 t 的成像:

$$I(p,t) = I\{i(p,t), r(p,t), \lambda(p,t)\} \tag{2.1}$$

式中:$i(p,t)$ 为反映辐射源强度的入射函数;$r(p,t)$ 为反映客体反射、透射能力的反射函数;$\lambda(p,t)$ 为辐射源的波长函数。这些因素共同决定了图像的主要度量特征:光强度及色彩的时间和空间分布。光学图像可以由上述函数来描述:

$$I(x,y) = i(x,y,z) r(x,y,z) \tag{2.2}$$

即 (x,y,z) 处的光强由反映环境光强这一外部因素的入射函数 $i(x,y,z)$ 和反映景物内在特性的反射函数 $r(x,y,z)$ 以及辐射源的波长函数 $\lambda(x,y,z)$ 共同确定。而如果辐射源 $i(x,y,z)$ 来自对象内部,则上述 $r(x,y,z)$ 就代表景物的透射特性。成像设备的成像过程即是对以上各函数的测量。数字图像则是在上述测量过程的基础上,将连续函数 $I(x,y)$ 在空间上按一定方式离散划分为若干小区域 (xi,yi) $(i=0,1,\cdots,M-1; j=0,1,\cdots,N-1)$,每一个小区域称为图像元素,简称像素或像点,其中 M 和 N 是图像分别在 x 和 y 两方向的像素个数。在成像系统中,每个像素点对应传感器芯片上的一个像元。数码成像设备的成像过程如图 2.1 所示,光线经过光学系统折射后投射到数字图像传感器,传感器将光能转换成模拟的电信号,电信号经过模/数(A/D)转换器转换为数字信号输入数字信号处理器中,经过处理获得数字图像。

在获得数字图像的过程中,存在着光/电转换和模/数转换两次量化过程,将自然景象的光强度量化为对应的辐射函数值。这两次量化过程是数字图像形成的关键环节。我们将根据数字图像形成的两次关键量化过程具体讨论。

18

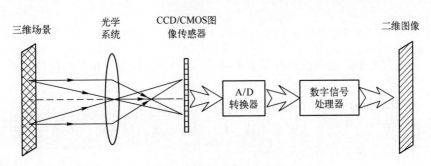

图 2.1 数字图像成像原理

▶ 2.1.2 光学成像模型

在光强景象到电信号的转换过程中,场景光线经过光学系统的汇聚到传感器的光敏面上,传感器通过感光元件将光信号转换为电信号。相机的镜头是完成光线汇聚的主要部件。成像过程是从三维空间到二维空间(图像)的映射。这种从高维空间向低维空间的映射关系就是投影。

在理想情况下,镜头对光线折射可以使用中心透视投影模型,也就是针孔模型来描述,如图 2.2 所示。中心透视投影模型假设物体表面的反射光或者发射光都经过一个"针孔"点后投影在像平面上。此投影中心或针孔称为光心(也称为摄影中心),物点、光心和对应像点在一条直线上,即满足光的直线传播条件。图 2.2 是中心透视投影模型成像也就是小孔成像原理的示意图。针孔模型主要由光心、成像面和光轴组成。中心透视投影模型中光心到像面的距离 v 称为焦距 f,物距 u 等于光心到物体的距离。

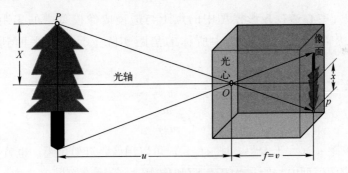

图 2.2 中心透视投影模型成像原理

根据中心透视投影的成像面模型,物点 P 到光轴的距离 X 与对应点 p 到光轴的距离 x 之间满足

$$\frac{X}{u} = \frac{x}{f} \tag{2.3}$$

这就是中心透视投影的基本关系式,显然这是相似三角形的线性关系。

小孔成像由于透光量太小,实际成像需要很长的曝光时间,很难得到清晰的图像,没有实际应用价值。实际成像系统都是使用透镜组组成镜头,可以透过大量的光线并能聚集光线,从而缩短曝光时间获得清晰图像。理想的透镜成像模型如图 2.3 所示。

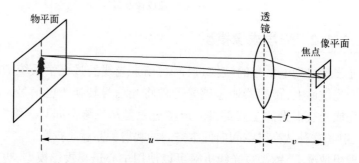

图 2.3　透镜成像模型

根据几何光学的基本原理,理想的凸透镜成像原理如图 2.3 所示,其中物体到透镜中心的距离为物距 u,清晰成像平面到透镜中心的距离为相距 v,透镜焦距为 f,三者满足下面的高斯成像公式:

$$\frac{1}{u} + \frac{1}{v} = \frac{1}{f} \tag{2.4}$$

可见,中心透视投影模型中的焦距与透镜成像模型中的焦距概念是不同的,中心透视投影模型中所称的焦距实际上是成像平面到光心的距离。

根据式(2.4)可得

$$f = \frac{uv}{u+v} \tag{2.5}$$

当物距 u 远大于像距 v 时,有 $f \approx v$,可以用像距近似焦距。也就是说,只有透镜成像模型中物距远大于焦距和像距时,透镜成像模型与中心透视投影模型中的焦距含义近似一致,可以采用中心透视投影模型来描述相机的光学成像模型。

因为中心透视投影模型中,物、像、物距、相距(焦距)之间存在着由相似

　　三角形联系起来的几何关系,它可以最佳地反映像面和物体的相似性,同时又是最简单的模型,为了使镜头成像模型尽可能地满足中心透视投影,实际镜头通常由许多不同的透镜构成。由于镜头设计的复杂性和工艺水平等因素的影响,实际成像模型不可能严格地满足中心透视投影模型,这种镜头不满足中心透视投影模型的效应称为镜头畸变。透镜畸变可粗略分为轴对称畸变和非轴对称畸变两类。轴对称畸变是最主要的透镜畸变。此畸变可以分为正畸变和负畸变两种,它们分别对应俗称的枕形畸变和桶形畸变。它是由于一对共轭物象面上的放大率不为常数,使得物体和图像之间失去了相似性而形成的误差。相机的焦距变化对此畸变影响较大,通常焦距越短畸变会越大。因此在使用广角镜头时通常需要对镜头的畸变进行校正。如图 2.4(a)是原始理想的黑白棋模板,图 2.4(b),(c)分别是图 2.4(a)对应的枕形畸变和桶形畸变图像。

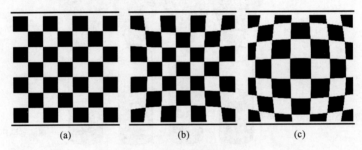

图 2.4　镜头畸变示意图
(a) 棋盘格模板;(b) 枕形畸变图像;(c) 桶形畸变图像

　　由于镜头畸变的存在,实际成像点 (x,y) 与根据中心透视投影模型给出的理想像点 $(\tilde{x},\tilde{y})$ 之间的差别称为像差 (δ_x,δ_y),即

$$\begin{cases} x-\delta_x=\tilde{x} \\ y-\delta_y=\tilde{y} \end{cases} \tag{2.6}$$

　　从图 2.4 中可以看出,越是远离图像中心,产生的像差越大。因此在处理实际图像时,尤其是采用广角镜头拍摄的图像,需要先将图像进行像差修正,然后再利用理想点 $(\tilde{x},\tilde{y})$ 进行后续计算。

▶ 2.1.3　传感器成像模型

　　图像传感器是图像采集系统的核心部件,它负责将光学信号转化为电信号,完成光/电转换。图像传感器的工作原理如图 2.5 所示,当光照射到 CCD 上时,在表面探测器 PN 结感光面产生电子-空穴对即光生电荷,其多数载流子被栅极电压排开,少数载流子在势阱中被收集起来形成电荷。根据接受的光子通量的大小,势阱中收集到的电荷数量也不尽相同,由于探测器本身存在一定的电子噪声,最终形成的图像像素电荷数是由光/电转换的电荷数量和电子噪声共同组成的。

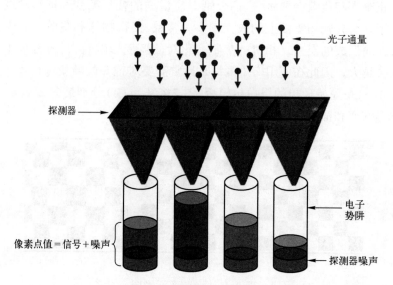

图 2.5　图像传感器光/电转换原理图

电荷耦合元件(Charge-Coupled Device,CCD)和互补金属氧化物半导体(Complementary Metal Oxide Semiconductor,CMOS)是两种最典型的图像传感器。在 CCD 传感器中,每一个感光元件都不对此作进一步的处理,而是将它直接输出到下一个感光元件的存储单元,结合该元件生成的模拟信号后再输出给第三个感光元件,依次类推,直到结合最后一个感光元件的信号才能形成统一的输出。由于感光元件生成的电信号实在太微弱了,无法直接进行模/数转换工作,因此这些输出数据必须做统一的放大处理——这项任务是由 CCD 传感器中的放大器专门负责,经放大器处理之后,每个像点的电信号强度都获得同样幅度的增大;但由于 CCD 本身无法将模拟信号直接转换为数字信号,因此还需要一个专门的模数转换芯片进行处理,最终以二进制数字图像矩阵的形式输出给专门的 DSP 处理芯片。CMOS 传感器是在大规模集成电路(VLSI)制造工艺上发展来的光电传感器技术。CMOS 传感器可以直接访问任意像元并能对任意像元进行操作运算。因此它具有开任意兴趣区域窗(ROI)、Binning(一种将相邻像元感应电荷相加做一个像素输出的方式,能够提高帧率和灵敏度)等许多灵活功能。

　　从本质上来讲,CCD 和 CMOS 传感器的感光原理是一致的,两者区别在于感光后电荷的处理上。CCD 使用电压势阱来收集光生电荷然后逐行转移串行读出,所以供电复杂、读取速度受限。CMOS 使用电压比较电路,收集的光生电荷直接被转换为电压信号的强弱,然后采用与内存访问相同的方式进行行列选择读出。在 CMOS 光敏成像时,其电子噪声随时间的累积效应要比 CCD 传感器大,即当曝光时间较长时,CMOS 噪声水平比 CCD 要高许多。

　　传感器在感光过程中收集到的光生电荷数量与传感器相关性能参数的关系为

$$Q_{IP} = \eta q \Delta_{neo} A T_c \tag{2.7}$$

式中:η 为材料的量子效率;q 为电子电荷量;Δ_{neo} 为入射光的光子流速;A 为光敏单元的受光面积;T_c 为光注入时间。在 CCD 确定后,η、q、A 均为常数,注入到势阱中的电荷数量 Q_{IP} 与入射光的光子流速和注入时间 T_c 成正比。注入时间 T_c 由 CCD 驱动器的转移脉冲周期 TSH 决定,当所设计的驱动器能够保证其注入时间稳定不变时,注入到势阱中的电荷只与入射辐射的光子流速 Δ_{neo} 成正比。正常情况下,光注入的电荷量与入射的谱辐射量度在单色入射辐射时,入射光的光子流速率与入射的光谱辐射通量的关系为 Δ_{neo}、h、v、λ 均为常数,因此光子流速率与入射光的光谱辐射量也成线性关系。由此可得,理想状态下,传感器在感光过程中收集到的电荷数量与入射光的光谱辐射量成线性关系,这也同时证明了式(2.2)中光学图像描述函数与 CCD 作为度量辐射函数的图像传感器的相符性。所获得的电荷数量可以用于表示图像信号,即图像的灰度值。

　　由于传感器感光元件性能等因素,实际的曝光特性曲线通常不是表现为严格的线性关系,而是如图 2.6 所示的形式。其中横轴为光谱辐射函数 I,纵轴为图像的灰度值 G。可见,在曲线的 BC 段,灰度值与光谱辐射量有较好的线性关系,在极暗区 AB 段和极亮区 CD 段,灰度与光谱辐射量的关系是非线性的。在 AB 段,光强低于或接近光敏阈值,处于曝光不足状态,低于 A 值则不能感光成像。在 CD 段的光强处于近饱和状态,大于 D 点则处于过饱和状态。在实际采集过程中,应尽量使成像系统工作在曝光特性曲线的线性区域 *BC* 段,当工作在非线性区域时,必须使用数字图像处理的方法对图像进行灰度标定和修正。

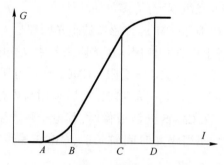

图 2.6　图像传感器曝光特性曲线

　　另外,由于光照和同一客体本身的反射和投射特性具有一定的连续性,同时光学成像过程具有低通滤波作用,景象中原本成阶跃状的边界(图 2.7(b))部分会呈现平滑过渡(图 2.7(b))。图像传感器在获得光生电荷后,其内部放大器将信号放大形成电压信号输出,经过一个 A/D 转换器将其数字化。数字化的过程会使景物灰度变化通过多级"阶跃"逐步过渡(图 2.7(c)),这就是数字图像的灰度分布特性。

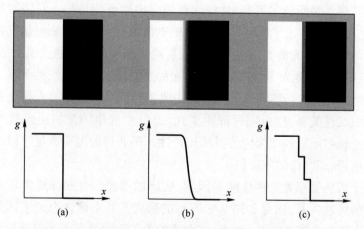

图 2.7　实际景物、光学图像与数字图像的边缘灰度分布
(a)实际景物边缘;(b)光学图像边缘;(c)数字图像边缘

2.1.4　成像描述模型

若要研究运动过程对成像的影响,还需要建立相应的坐标系统对景象和图像进行统一的量化。我们参考当前主流的成像描述方法,使用世界坐标系、相机坐标系、图像坐标系和摄像平台坐标系这四种坐标系统描述场景和图像的相对位置和空间分布关系。

1. 世界坐标系 W–XYZ

世界坐标系也称全局坐标系,它是用户任意定义的三维空间坐标系,通常是将被摄物体和相机作为一个整体来考虑的坐标系。为了使用方便,此坐标系的建立较多地考虑应用环境和对象条件。空间点 P 的位置通常用其在世界坐标系中的坐标 (X, Y, Z) 来描述。

2. 相机坐标系 C–$X_C Y_C Z_C$

中心透视投影的光心和光轴即相机的光心和光轴。相机坐标系原点取为相机光心,Z_C 轴与相机光轴重合,且取摄像方向为正方向,X_C、Y_C 轴与图像物理坐标系的 $\hat{x}$、$\hat{y}$ 轴平行。图 2.8 中,S' 平面为实际成像靶面,称为反片,S 平面与 S' 平面关于光心 C 中心对称,称为正片。反片和正片分别位于相机坐标系的 $Z_C = -f$ 平面和 $Z_C = f$ 平面内,其中 f 为中心透视投影焦距。

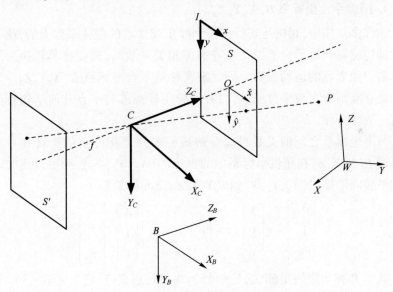

图 2.8　描述景象和图像的坐标系统

3. 图像坐标系

为了便于像点和对应物点空间位置的相互换算,图像坐标系通常都建立在正片平面 S 中。图像坐标系又分为图像物理坐标系和图像像素坐标系。

图像物理坐标系 $O-\hat{x}\hat{y}$ 是以光轴与像平面的角点 O 为原点(称为图像主点),以实际物理尺度(毫米、微米等)为单位的直角坐标系。其中 $\hat{x}$、$\hat{y}$ 轴分别与图像像素坐标系的 x、y 轴平行。通常图像物理坐标系原点位于图像的中心或中心附近。

图像像素坐标系 $I-xy$ 是以图像左上角点 I 为原点,以像素为坐标单位的直角坐标系。x、y 分别表示该像素在数字图像中的列数与行数,与数字图像像素的常用存储格式一致。图像像素坐标系通常也称为图像坐标系。

根据中心透视投影模型,所有成像光线均经过光心,物点、像点和光心三点共线。设物点 P 在世界坐标系中的坐标为 (X, Y, Z)。P 经过中心透视投影得到的像点 p 的图像坐标为 $(\tilde{x}, \tilde{y})$。由于存在像差,实际成像点 (x, y) 与中心透视投影像点 $(\tilde{x}, \tilde{y})$ 之间会存在偏差,因此,也称中心透视投影像点 $(\tilde{x}, \tilde{y})$ 为理想像点。

4. 摄像平台坐标系 $B-X_B Y_B Z_B$

在许多应用中,相机是安装在某个静止或运动的载体平台上的,使用一些运动传感器获得平台上的运动姿态等相关参数后,需要将其转换为图像坐标系中像素点的运动参数。因此定义相机平台坐标系 $B-X_B Y_B Z_B$。该坐标系建立准则通常与平台相关,以方便应用任务或与平台几何结构特征有一定一致性为佳。

两个坐标系之间的关系可以分解成一次绕坐标原点的旋转和一次平移。设 $P(X, Y, Z)$ 在相机坐标系中的坐标为 (X_C, Y_C, Z_C),则可以用旋转矩阵和平移向量描述 (X_C, Y_C, Z_C) 和 (X, Y, Z) 之间的关系:

$$\begin{bmatrix} X_C \\ Y_C \\ Z_C \end{bmatrix} = \boldsymbol{R} \begin{bmatrix} X \\ Y \\ Z \end{bmatrix} + \boldsymbol{T} = \begin{bmatrix} r_0 & r_1 & r_2 \\ r_3 & r_4 & r_5 \\ r_6 & r_7 & r_8 \end{bmatrix} \begin{bmatrix} X \\ Y \\ Z \end{bmatrix} + \begin{bmatrix} T_X \\ T_Y \\ T_Z \end{bmatrix} \tag{2.8}$$

其中 $\boldsymbol{R}$ 称为旋转矩阵,它是一个 3×3 单位正交阵,它的元素 $r_0 - r_8$ 是旋转角 (A_X, A_Y, A_Z) 的三角函数组合,旋转角 (A_X, A_Y, A_Z) 定义为将世界坐标系变换到与相机坐标姿态一致而分别绕三个坐标轴转过的欧拉角。$\boldsymbol{T} = (T_X,$

T_Y, T_Z)称为平移向量,是世界坐标系原点在相机坐标系中的坐标,也就是将世界坐标系原点移至相机坐标系原点的平移量。经过旋转和平移,使得世界坐标系与相机坐标系重合。设世界坐标系绕 X 轴旋转 A_X 得到旋转矩阵为 $\boldsymbol{R}_X$,绕 Y 轴旋转 A_Y 得到的旋转矩阵为 $\boldsymbol{R}_Y$,绕 Z 轴旋转 A_Z 得到的旋转矩阵为 $\boldsymbol{R}_Z$。根据坐标变换关系,$\boldsymbol{R}_X$、$\boldsymbol{R}_Y$、$\boldsymbol{R}_Z$ 分别为

$$\boldsymbol{R}_X = \begin{bmatrix} 1 & 0 & 0 \\ 0 & \cos A_X & -\sin A_X \\ 0 & \sin A_X & \cos A_X \end{bmatrix} \tag{2.9}$$

$$\boldsymbol{R}_Y = \begin{bmatrix} \cos A_Y & 0 & \sin A_Y \\ 0 & 1 & 0 \\ -\sin A_Y & 0 & \cos A_Y \end{bmatrix} \tag{2.10}$$

$$\boldsymbol{R}_Z = \begin{bmatrix} \cos A_Z & -\sin A_Z & 0 \\ \sin A_Z & \cos A_Z & 0 \\ 0 & 0 & 1 \end{bmatrix} \tag{2.11}$$

对于相对关系确定的两个坐标系,它们之间的旋转矩阵和平移向量也是确定的。将世界坐标系先后绕 Y、X、Z 轴旋转 A_Y、A_X、A_Z 角度得到相应的旋转矩阵 $\boldsymbol{R}$:

$$\boldsymbol{R} = \boldsymbol{R}_Z \boldsymbol{R}_X \boldsymbol{R}_Y \tag{2.12}$$

将式(2.12)展开即求得式(2.8)中 $r_0 - r_8$ 的表达式:

$$\begin{cases} r_0 = \cos A_Y \cos A_Z - \sin A_Y \sin A_X \sin A_Z \\ r_1 = \cos A_X \sin A_Z \\ r_2 = \sin A_Y \cos A_Z + \cos A_Y \sin A_X \sin A_Z \\ r_3 = -\cos A_Y \sin A_Z - \sin A_Y \sin A_X \cos A_Z \\ r_4 = \cos A_X \cos A_Z \\ r_5 = -\sin A_Y \sin A_Z + \cos A_Y \sin A_X \cos A_Z \\ r_6 = -\sin A_Y \cos A_X \\ r_7 = -\sin A_X \\ r_8 = \cos A_Y \cos A_X \end{cases} \tag{2.13}$$

以上参数是相机坐标系与世界坐标系之间的转换关系,定义为相机的外部参数。

根据中心透视投影模型,像点 p 的图像物理坐标 $(\hat{x}, \hat{y})$ 与物点 P 的相机

坐标系的关系为

$$
\begin{cases}
\dfrac{\hat{x}}{f} = \dfrac{X_C}{Z_C} \\[3mm]
\dfrac{\hat{y}}{f} = \dfrac{Y_C}{Z_C}
\end{cases}
\tag{2.14}
$$

对于目前绝大多数的数字成像设备,图像的物理坐标系中 x 轴和 y 轴夹角成直角,因而像点 p 的图像坐标 $(\tilde{x},\tilde{y})$ 与其图像物理坐标 $(\hat{x},\hat{y})$ 的关系为

$$
\begin{cases}
\tilde{x} - C_x = \dfrac{\hat{x}}{\mathrm{d}x} \\[3mm]
\tilde{y} - C_y = \dfrac{\hat{y}}{\mathrm{d}y}
\end{cases}
\tag{2.15}
$$

其中,(C_x,C_y) 为图像主点,即光轴与像面焦点 O 的图像坐标;$\mathrm{d}x$、$\mathrm{d}y$ 为相机单个像元在 $\hat{x}$ 方向和 $\hat{y}$ 方向的物理尺寸。将焦距 f 与像元纵横尺寸之比定义为等效焦距 (F_x,F_y)。结合式(2.14)和式(2.15)可得像点 p 的图像坐标与物点 P 的相机坐标的关系:

$$
\begin{cases}
\dfrac{\tilde{x} - C_x}{F_x} = \dfrac{X_C}{Z_C} \\[3mm]
\dfrac{\tilde{y} - C_y}{F_y} = \dfrac{Y_C}{Z_C}
\end{cases}
\tag{2.16}
$$

将式(2.16)与式(2.8)联立可得中心透视投影模型中物点、像点、光心三点共线的共线方程:

$$
\begin{cases}
\dfrac{\tilde{x} - C_x}{F_x} = \dfrac{r_0 X + r_1 Y + r_2 Z + T_X}{r_6 X + r_7 Y + r_8 Z + T_Z} \\[3mm]
\dfrac{\tilde{y} - C_y}{F_y} = \dfrac{r_3 X + r_4 Y + r_5 Z + T_Y}{r_6 X + r_7 Y + r_8 Z + T_Z}
\end{cases}
\tag{2.17}
$$

其中主点和等效焦距是相机的内参数,描述的是相机本身的特性;而平移向量和旋转角、旋转矩阵是相机的外参数,用于描述相机坐标系与世界坐标系间的相对位置和姿态关系。

将式(2.16)用齐次坐标的改写为矩阵形式:

$$Z_C \begin{bmatrix} \tilde{x} \\ \tilde{y} \\ 1 \end{bmatrix} = \begin{bmatrix} F_x X_C + C_x Z_C \\ F_y Y_C + C_Y Z_C \\ 1 \end{bmatrix} = \begin{bmatrix} F_x & 0 & C_x & 0 \\ 0 & F_y & C_y & 0 \\ 0 & 0 & 1 & 0 \end{bmatrix} \begin{bmatrix} X_C \\ Y_C \\ Z_C \\ 1 \end{bmatrix} \tag{2.18}$$

将式(2.8)写为齐次坐标形式代入式(2.18)可得

$$Z_C \begin{bmatrix} \tilde{x} \\ \tilde{y} \\ 1 \end{bmatrix} = \begin{bmatrix} F_x & 0 & C_x & 0 \\ 0 & F_y & C_y & 0 \\ 0 & 0 & 1 & 0 \end{bmatrix} \begin{bmatrix} \boldsymbol{R} & \boldsymbol{T} \\ \boldsymbol{0}^{\mathrm{T}} & 1 \end{bmatrix} \begin{bmatrix} X \\ Y \\ Z \\ 1 \end{bmatrix} = \boldsymbol{M} \begin{bmatrix} X \\ Y \\ Z \\ 1 \end{bmatrix} \tag{2.19}$$

$\boldsymbol{M}$ 称为中心透视投影矩阵,第一部分称为相机内参矩阵,第二部分称为外参矩阵。将两个矩阵相乘展开可得

$$\boldsymbol{M} = \begin{bmatrix} m_0 & m_1 & m_2 & m_3 \\ m_4 & m_5 & m_6 & m_7 \\ m_8 & m_9 & m_{10} & m_{11} \end{bmatrix} = \begin{bmatrix} F_x r_0 + C_x r_6 & F_x r_1 + C_x r_7 & F_x r_2 + C_x r_8 & F_x T_X + C_x T_Z \\ F_y r_3 + C_y r_6 & F_y r_4 + C_y r_7 & F_y r_5 + C_y r_8 & F_y T_Y + C_y T_Z \\ r_6 & r_7 & r_8 & T_Z \end{bmatrix}$$
$$\tag{2.20}$$

至此,我们得到了相机成像模型的全部描述方法。在接下来的运动模糊建模讨论中,将应用以上讨论的成像模型展开对运动模糊过程的建模。

2.2　图像模糊模型

图像运动模糊复原是对已经退化的模糊图像的复原过程,要解决这一问题,就必须建立有效的数学模型来描述这一物理过程,然后再设计相应的逆向求解方法复原出清晰图像。

在传统的运动模糊复原领域中,通常使用模糊核函数与清晰图像卷积的形式来描述运动模糊过程,如图 2.9 所示。

由于运动模糊的复杂性,从清晰图像到模糊图像的模型很难精确描述这一物理过程。本书将从相机成像过程入手,利用 2.1 节中论述的相机成像模型展开对运动模糊过程的讨论。

在多数研究中,图像模糊问题定义为图像的降质。在成像过程中,景物上的一个点不是仅仅反映到图像上的一个对应点,而是被弥散成图像平面

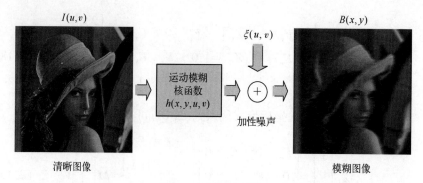

$I(u,v)$ 　运动模糊核函数 $h(x,y,u,v)$ 　$\xi(u,v)$ 加性噪声 　$B(x,y)$

清晰图像　　　　　　　　　　　　　　　　　模糊图像

图 2.9　图像模糊模型

上的一个区域,因此,图像上每个像素点是景物的许多点经过混合叠加的反映。由式(2.7)可知,传感器势阱中的电荷数量 Q_{IP} 与入射光的光子流速和注入时间 T_c 成正比,因此可以用时间积分来描述在一定时间内传感器收集到的电荷数量:

$$Q_{IP} = \int_{t_{start}}^{t_{end}} \eta q A \Delta_{neo} \mathrm{d}t \qquad (2.21)$$

式中: Δ_{neo} 为光子流速; t_{start}、t_{end} 分别为传感器曝光的开始时刻与结束时刻。又因为图像灰度值与传感器收集到的电荷数量成正比关系,即所获图像灰度值也可以用时间积分来描述:

$$f(x,y) = \int_{t_{start}}^{t_{end}} K \eta q A \Delta_{neo}(x,y) \mathrm{d}t \qquad (2.22)$$

式中: K 为电荷数量 Q_{IP} 与图像灰度值的比例系数; $\Delta_{neo}(x,y)$ 为传感器曝光时间段内像元 (x,y) 位置接受的光子流速。

正常情况下,像元 (x,y) 位置接受的光子流速是不变的,因此在相同的曝光时间条件下,传感器获得图像与场景中对应位置光子流速成正比,获得图像能够清晰反映场景的光辐射状况。

图像运动模糊是由于在曝光过程中,传感器与被摄场景之间存在相对运动导致的,即 $t_{start}-t_{end}$ 时间段内,传感器接受的光子流速是对应场景不同位置的光子流速,即 Δ_{neo} 是随时间和位置变化的。由此,运动模糊图像 $g(x,y)$ 可以描述为

$$g(x,y) = \iiint K \eta q A \Delta_{neo}(x,y,u,v,t) \mathrm{d}u\mathrm{d}v\mathrm{d}t \qquad (2.23)$$

其中, $\Delta_{neo}(x,y,u,v,t)$ 为 t 时刻场景 (u,v) 处投向传感器像元 (x,y) 位置的光子流速。将式(2.23)变换积分次序可得

$$g(x,y) = \iint \left(\int K\eta q A \Delta_{\text{neo}}(x,y,u,v,t) \, dt \right) du dv \qquad (2.24)$$

假设场景中物点的光辐射强度是不变的,该辐射不随运动发生散射,那么式中 $\Delta_{\text{neo}}(x,y,u,v,t)$ 可以分解为场景 (u,v) 处的光辐射强度 $\Delta_{\text{neo}}(u,v)$ 与其在相对应像元 (x,y) 处随时间变化的函数 $l(x,y,u,v,t)$ 的乘积:

$$\Delta_{\text{neo}}(x,y,u,v,t) = l(x,y,u,v,t) \Delta_{\text{neo}}(u,v) \qquad (2.25)$$

其中,$l(x,y,u,v,t)$ 定义为

$$l(x,y,u,v,t) = \begin{cases} 1, & \text{如果 } t \text{ 时刻场景} (u,v) \text{ 处光子投射在像元} (x,y) \text{ 位置} \\ 0, & \text{如果 } t \text{ 时刻场景} (u,v) \text{ 处光子投射在其他位置} \end{cases}$$

$$\qquad (2.26)$$

结合式 (2.24) 和式 (2.25),可得

$$\begin{aligned} g(x,y) &= \iint \left(\int K\eta q A \Delta_{\text{neo}}(x,y,u,v,t) \, dt \right) du dv \\ &= \iint \left(\int K\eta q A l(x,y,u,v,t) \Delta_{\text{neo}}(u,v) \, dt \right) du dv \qquad (2.27) \\ &= \iint h(x,y,u,v) f(u,v) \, du dv \end{aligned}$$

$$h(x,y,u,v) = \frac{1}{t_{\text{end}} - t_{\text{start}}} \int l(x,y,u,v,t) \, dt \qquad (2.28)$$

$h(x,y,u,v)$ 即对应图像复原领域中的点扩展函数,它描述的物理意义是清晰图像中 (u,v) 位置的光辐射在模糊图像中 (x,y) 位置的能量分布,在光辐射强度不变的情况下,它的函数值与 (u,v) 位置的光辐射在像元 (x,y) 上的时间有关。

在考虑噪声的情况下,模糊图像可以描述为

$$g(x,y) = \iint h(x,y,u,v) f(u,v) \, du dv + n(x,y) \qquad (2.29)$$

式中,$h(x,y,u,v)$ 是一个与两个坐标系都相关的函数,这表示要对图像中每个像素点建立单独的模糊核函数,这将带来巨大的计算量,并且对每个像素点单独计算点扩展函数也是非常困难的。通常情况下,可以假设每个像素点的点扩展函数是一致的,该函数的输出值仅与清晰图像像素点和模糊图像像素点之间的相对位置有关,即导致图像模糊的点扩展函数是线性移不变的:

$$h(x,y,u,v) = h(x-u,y-v) \qquad (2.30)$$

将式(2.30)代入式(2.29)可得用清晰图像和模糊核函数卷积后加入随机噪声获得模糊图像的数学模型:

$$g(x,y) = \iint h(x,y,u,v)f(u,v)\,\mathrm{d}u\mathrm{d}v + n(x,y)$$

$$= \iint h(x-u,y-v)f(u,v)\,\mathrm{d}u\mathrm{d}v + n(x,y) \qquad (2.31)$$

$$= h(x,y) \otimes f(x,y) + n(x,y)$$

其中$\otimes$表示卷积运算。

在频域上,式(2.31)可以写成

$$G(u,v) = H(u,v)F(u,v) + N(u,v) \qquad (2.32)$$

式中:$G(u,v)$、$F(u,v)$和$N(u,v)$分别为模糊图像$g(x,y)$、原图像$f(x,y)$和噪声$n(x,y)$的傅里叶变换;$H(u,v)$为点扩展函数$h(x,y)$的傅里叶变换,称为系统在频域上的传递函数。

▶ 2.2.1　一维离散模糊模型

为了简化问题,我们先不考虑噪声的影响,设只有x方向存在运动模糊,图像中某一行可以表示为一个具有A个采样值的离散函数$f(x)$,$h(x)$为具有B个采样值的退化系统点扩展函数,则退化后的输出函数$g(x)$为输入$f(x)$和点扩展函数$h(x)$的卷积,即

$$g(x) = h(x) \otimes f(x) \qquad (2.33)$$

为了避免卷积所产生的各个周期重叠(设每个采样函数的周期为M),分别对$f(x)$和$h(x)$用添"0"延伸的方法扩展成周期为$M=A+B-1$的周期函数,即

$$f_e(x) = \begin{cases} f(x), & 0 \leqslant x \leqslant A-1 \\ 0, & A \leqslant x \leqslant M-1 \end{cases} \qquad (2.34)$$

$$h_e(x) = \begin{cases} h(x), & 0 \leqslant x \leqslant B-1 \\ 0, & B \leqslant x \leqslant M-1 \end{cases} \qquad (2.35)$$

此时输出函数为

$$g_e(x) = h_e(x) \otimes f_e(x) = \sum_{u=0}^{M-1} h_e(x-u)f_e(u) \qquad (2.36)$$

因为$f_e(x)$和$h_e(x)$均已扩展成周期函数,故$g_e(x)$也是周期函数,用矩阵表示为

$$
\begin{bmatrix}
g_e(0) \\
g_e(1) \\
g_e(2) \\
\vdots \\
g_e(M-1)
\end{bmatrix}
=
\begin{bmatrix}
h_e(0) & h_e(-1) & \cdots & h_e(-M+1) \\
h_e(1) & h_e(0) & \cdots & h_e(-M+2) \\
h_e(2) & h_e(1) & \cdots & h_e(-M+3) \\
\vdots & \vdots & & \vdots \\
h_e(M-1) & h_e(M-2) & \cdots & h_e(0)
\end{bmatrix}
\begin{bmatrix}
f_e(0) \\
f_e(1) \\
f_e(2) \\
\vdots \\
f_e(M-1)
\end{bmatrix}
$$

$$(2.37)$$

因为 $h_e(x)$ 的周期为 M，所以 $h_e(x)=h_e(x+M)$，即

$$
\begin{cases}
h_e(-1)=h_e(M-1) \\
h_e(-2)=h_e(M-2) \\
\vdots \quad\quad \vdots \quad\quad \vdots \\
h_e(-M+1)=h_e(1)
\end{cases}
$$

$$(2.38)$$

代入到 $g_e(x)$ 求解公式中，$M{\times}M$ 阶矩阵 $\boldsymbol{H}$ 可写为

$$
\boldsymbol{H}=
\begin{bmatrix}
h_e(0) & h_e(M-1) & \cdots & h_e(1) \\
h_e(1) & h_e(0) & \cdots & h_e(2) \\
h_e(2) & h_e(1) & \cdots & h_e(3) \\
\vdots & \vdots & & \vdots \\
h_e(M-1) & h_e(M-2) & \cdots & h_e(0)
\end{bmatrix}
$$

$$(2.39)$$

式(2.39)可以写为矩阵形式：

$$
\boldsymbol{g}_e = \boldsymbol{H}_e \boldsymbol{f}_e
$$

$$(2.40)$$

式中：$\boldsymbol{g}_e$、$\boldsymbol{f}_e$ 均为 M 维列向量；$\boldsymbol{H}$ 为 $M{\times}M$ 阶矩阵，矩阵每行元素均相同，只是每行以循环方式右移一位，因此矩阵 $\boldsymbol{H}$ 为循环矩阵。一维离散模糊模型是图像复原领域中的基本模型，虽然模型简单，但它是图像运动模糊复原应用中最常用到的图像模糊模型之一。

▶ 2.2.2　二维离散模糊模型

上述讨论的一维模糊模型不难推广到二维情况。设原始图像 $f(x,y)$ 采样尺寸为 $A{\times}B$，点扩散函数 $h(x,y)$ 采样尺寸为 $C{\times}D$。为了避免交叠误差，仍然使用添"0"方法将这些离散函数扩展成 $M{\times}N$ 的周期函数，其中 $M=A+C-1$，$N=B+D-1$，即

$$f_e(x,y) = \begin{cases} f(x,y), & 0 \leqslant x \leqslant A-1 \text{ 且 } 0 \leqslant y \leqslant B-1 \\ 0, & A \leqslant x \leqslant M-1 \text{ 或 } B \leqslant y \leqslant N-1 \end{cases} \quad (2.41)$$

$$h_e(x,y) = \begin{cases} h(x,y), & 0 \leqslant x \leqslant C-1 \text{ 且 } 0 \leqslant y \leqslant D-1 \\ 0, & C \leqslant x \leqslant M-1 \text{ 或 } D \leqslant y \leqslant N-1 \end{cases} \quad (2.42)$$

对应式(2.31)的降质图像为

$$g_e(x,y) = \sum_{m=0}^{M-1} \sum_{n=0}^{N-1} h_e(x-m,y-n) f_e(m,n) = f_e(x,y) \otimes h_e(x,y)$$

$$(2.43)$$

其中，$x = 0,1,2,\cdots,M-1$；$y = 0,1,2,\cdots,N-1$。式(2.43)同样可以采用矩阵形式表示，即

$$\boldsymbol{g}_e = \boldsymbol{H}_e \boldsymbol{f}_e \quad (2.44)$$

式中：$\boldsymbol{g}_e$、$\boldsymbol{f}_e$ 为 MN 维列向量；$\boldsymbol{H}_e$ 为 $MN \times MN$ 维矩阵。其方法是将 $f_e(x,y)$、$g_e(x,y)$ 中的元素按行串接改写成向量形式，即

$$\boldsymbol{f}_e = \begin{bmatrix} \underbrace{f_e(0,0),f_e(0,1),\cdots,f_e(0,N-1)}_{\text{第一行元素}}, \\ \underbrace{f_e(1,0),f_e(1,1),\cdots,f_e(1,N-1)}_{\text{第二行元素}},\cdots, \\ \underbrace{f_e(M-1,0),,\cdots,f_e(M-1,N-1)}_{\text{第}M-1\text{行元素}} \end{bmatrix}^{\text{T}} \quad (2.45)$$

$$\boldsymbol{g}_e = \begin{bmatrix} \underbrace{g_e(0,0),g_e(0,1),\cdots,g_e(0,N-1)}_{\text{第一行元素}}, \\ \underbrace{g_e(1,0),g_e(1,1),\cdots,g_e(1,N-1)}_{\text{第二行元素}},\cdots, \\ \underbrace{g_e(M-1,0),,\cdots,g_e(M-1,N-1)}_{\text{第}M-1\text{行元素}} \end{bmatrix}^{\text{T}} \quad (2.46)$$

$$\boldsymbol{H}_e = \begin{bmatrix} \boldsymbol{H}_0 & \boldsymbol{H}_{M-1} & \boldsymbol{H}_{M-2} & \cdots & \boldsymbol{H}_1 \\ \boldsymbol{H}_1 & \boldsymbol{H}_0 & \boldsymbol{H}_{M-1} & \cdots & \boldsymbol{H}_2 \\ \boldsymbol{H}_2 & \boldsymbol{H}_1 & \boldsymbol{H}_0 & \cdots & \boldsymbol{H}_3 \\ \vdots & \vdots & \vdots & & \vdots \\ \boldsymbol{H}_{M-1} & \boldsymbol{H}_{M-2} & \boldsymbol{H}_{M-3} & \cdots & \boldsymbol{H}_0 \end{bmatrix} \quad (2.47)$$

其中，$\boldsymbol{H}_i(i=0,1,\cdots,M-1)$ 为子矩阵，大小为 $N \times N$，即 $\boldsymbol{H}_e$ 是由 $M \times M$ 个大小为 $N \times N$ 的子矩阵构成，$\boldsymbol{H}_i$ 为延拓函数 $h_e(x,y)$ 的第 j 行构成：

$$H_i = \begin{bmatrix} h_e(i,0) & h_e(i,N-1) & h_e(i,N-2) & \cdots & h_e(i,1) \\ h_e(i,1) & h_e(i,0) & h_e(i,N-1) & \cdots & h_e(i,2) \\ h_e(i,2) & h_e(i,1) & h_e(i,0) & \cdots & h_e(i,3) \\ \vdots & \vdots & \vdots & & \vdots \\ h_e(i,N-1) & h_e(i,N-2) & h_e(i,N-3) & \cdots & h_e(i,0) \end{bmatrix} \quad (2.48)$$

从式(2.48)可以看出,每个子块 H_i 是由 $h_e(i,j)$ 的第 i 行元素构成的,构成的方法是:H_i 的最后一行是由 $h_e(i,j)$ 的第 i 行元素倒序排成的,首行是末行的右循环移位,下一行是上一行的右循环移位。H_i 为循环矩阵。如果将每个子块 H_i 形象地看作阵元的话,H_e 也是循环矩阵,这样的矩阵称为分块循环矩阵。H_e 为分块循环矩阵是由于在卷积时利用了阵列 $h_e(x,y)$ 的延拓周期性。

如果考虑噪声对图像的影响,我们可以将式(2.43)扩展为

$$\begin{aligned} g_e(x,y) &= \sum_{m=0}^{M-1} \sum_{n=0}^{N-1} h_e(x-m,y-n)f_e(m,n) + n_e(x,y) \\ &= f_e(x,y) \otimes h_e(x,y) + n_e(x,y) \end{aligned} \quad (2.49)$$

式(2.49)写成矩阵形式为

$$g_e = H_e f_e + n_e \quad (2.50)$$

上述离散退化模型都是在线性空间不变的前提下提出的,这种退化模型已经被许多复原方法所采用并有良好的复原效果。但在,对于实际应用,要从式(2.50)中直接求解清晰图像 $f(x,y)$ 是非常困难的,因为分块循环矩阵 H_e 是 $MN \times MN$ 维矩阵,要直接求解 f_e 需要求解 MN 个 MN 维线性方程组(即求解 H_e 逆矩阵),其计算量是非常惊人的。

▶ 2.2.3　图像复原问题的病态性

在建立了图像退化模型后,图像复原的任务就明确了,即在已知模糊图像 $g(x,y)$ 的情况下,求出原始图像 $f(x,y)$。由式(2.50)可以看出,在不考虑问题求解计算量的情况下,要想求解 $f(x,y)$ 必须首先求解点扩展函数 $h(x,y)$ 和图像噪声 $n(x,y)$。即便已知 $h(x,y)$ 和 $n(x,y)$,图像 $f(x,y)$ 的求解也不是一个简单的问题。图像退化过程可以看作是一个变换 T,若原始图像为 $f(x,y)$,模糊图像为 $g(x,y)$,则有 $T[f(x,y)] \rightarrow g(x,y)$。图像复原就是由 $g(x,y)$ 求 $f(x,y)$,即寻求逆变换,使得 $T^{-1}[g(x,y)] \rightarrow f(x,y)$。

1923 年,法国数学家 Hadamard 提出了良态问题的概念。问题的良态是指满足以下条件:①问题的解是存在的;②解是唯一的;③解连续依赖于数据,也就是问题的唯一解是稳定的,换句话说,观测数据的微小变动不会导致解的很大变化。如果这三个条件中的任意一个得不到满足,则问题是病态的或不适定的。

在数学物理问题中,给定了描述问题的微分方程包括强制函数以及初始条件和边界条件,就可以求解方程,确定出被研究对象的过程和状态的数学或数值描述,这类求解问题称为"正问题"。它的"反问题"是依据研究对象的过程和状态的数值观测,确定它服从什么样的微分方程(系统辨识或参数辨识问题);确定产生该过程和状态的输入强制函数(输入辨识问题);确定过去的初始状态(逆时间过程问题);以及确定边界条件(边界控制问题)。通常情况下,"反问题"都具有一个共同的重要属性,就是病态性。图像复原就属于数学物理问题中的这类"反问题"。下面进行图像复原问题的病态性分析。由于在空间中使用式(2.50)求解原图像的计算量巨大,在图像复原中通常在频率域中求解。逆滤波方法就是这种最直接的图像复原方法:假设图像退化的点扩展函数 $h(x,y)$ 和噪声模型 $n(x,y)$ 已知,根据式(2.32)对原图像的傅里叶变换可以用以下公式获得一个估计值 $\hat{F}(x,y)$:

$$\hat{F}(u,v) = G(u,v)V(u,v) = \frac{G(u,v)}{H(u,v)} = F(u,v) + \frac{N(u,v)}{H(u,v)} \tag{2.51}$$

其中,$\hat{F}(u,v)$ 表示复原图像的傅里叶变换,$V(u,v)$ 表示退化系统的复原转移函数:

$$V(u,v) = \frac{1}{H(u,v)} = \frac{H^*(u,v)}{|H(u,v)|^2} \tag{2.52}$$

其中,$H^*(u,v)$ 为 $H(u,v)$ 的复共轭。从式(2.52)中可以看出,逆滤波方法是否可行主要取决于分母位置的 $H(u,v)$ 是否存在幅值"0"点。当在 (u,v) 平面某点上获取与 $H(u,v)$ 的幅值 $|H(u,v)|$ 等于 0,就会导致不稳定解。即使不考虑噪声的存在,一般也不可能精确地复原出 $f(x,y)$。若存在噪声 $N(u,v)$,则在 0 点或者 0 点附近的频率,噪声将会被放大,噪声相对图像的复原结果起主导地位。它意味着退化图像中小的噪声干扰在 $H(u,v)$ 取值很小的那些频谱上将对恢复图像产生很大的影响。总结以上分析,我们可以得出,在图像复原过程中,点扩展函数 $h(x,y)$ 在频域中存在 0 点问题是图像复原存在的病态性的本质原因。

2.3　编码曝光技术概述

2.3.1　编码曝光

由于普通相机快门在曝光期间始终处于打开状态,这相当于定义了一个时间轴上的低通盒状滤波器,因而由普通相机拍摄的运动模糊图像本身已经损失了很多高频信息。在图像复原过程中,由于高频信息的损失,模糊图像点扩展函数含有多个频域零点,导致逆滤波过程不可逆,使得图像复原成为一个病态问题。图 2.10(a),(b)分别给出了普通相机在曝光期间的快门状态和曝光过程的频率响应。从图 2.10(b)中可以看出,普通相机曝光过程定义的频率响应含有很多尖锐的"波谷",这些波谷对应着所拍摄图像高频信息的丢失,也对应着点扩展函数的频域零点。点扩展函数的频域零点会导致图像复原过程反卷积的病态性,最后通常表现为复原图像中严重的振铃效应以及噪声,如图 2.10(d)所示。

对由普通相机拍摄得到的运动模糊图像复原来说,解决其点扩展函数频域零点问题是无法实现的。为了避开模糊图像点扩展函数频域零点问题,近几年有些算法采用最大后验概率模型或者最大似然估计方法来近似求解。这类算法通常需要加入自然图像统计模型作为先验知识,然后在贝叶斯框架下进行非线性迭代求解,得到复原图像的最优估计。这类算法通常时间消耗巨大,并且当图像模糊尺度较大时,迭代算法容易陷入局部最优,无法得到理想的复原效果。因此,虽然当前几种基于图像统计模型以及贝叶斯框架的图像盲复原算法在解决模糊尺度不大的相机抖动模糊时都取得了非常理想的效果,但应用于大尺度的运动模糊图像复原时,复原效果往往不够理想。

为了解决运动模糊图像复原的病态性问题,Raskar 等人首先提出了编码曝光技术。与普通相机在曝光期间快门一直处于打开状态不同,编码曝光相机在曝光期间根据预先设置的二进制编码序列快速的开关快门。这种精心设计的快门随机闪动模式将原来由普通相机曝光定义的窄带低通滤波器变为一种宽带滤波器,有效地保护了获取图像的高频信息,使得运动模糊图像的点扩展函数不含频域零点,将运动模糊图像复原变为一种良态问题。

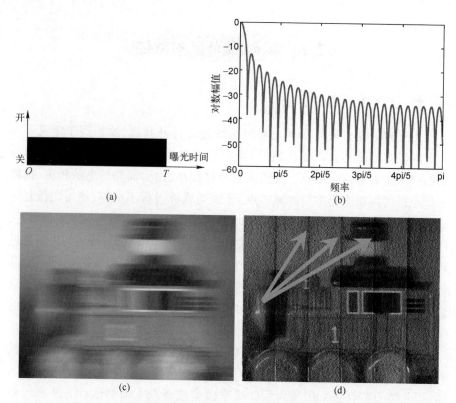

图 2.10　普通相机曝光期间快门状态、频率响应及对应的逆滤波结果
(a) 普通相机曝光期间快门状态；(b) 普通相机频率响应；
(c) 运动模糊图像；(d) 逆滤波结果。

　　首先以一个简单示例来描述编码曝光过程,如图 2.11(a) 所示,图中编码曝光过程共进行了 4 次快门开关动作。设单位时间为 T_0,令相机开始曝光时刻为 t_0,结束曝光时刻为 t_7。相机在 t_0 时刻打开快门,经过 $2T_0$ 时间在 t_1 时刻关闭快门;又经过 T_0 时间在 t_2 时刻再次打开快门,经历 T_0 时间,在 t_3 时刻关闭快门;依次类推,到 t_7 时刻完成所有四次快门的开关动作,每组快门开关动作经历的时间均为 T_0 的整数倍。由于单位时间 T_0 非常短(一般毫秒量级),在整个曝光过程中相机快门始终处于快速开-关状态。显然,快门在每个单位时间内的状态可用一个二进制编码表示。如果用"1"表示编码曝光相机快门的打开状态,用"0"表示相机快门的关闭状态,那么编码曝光相机在整个曝光时间段内的快门状态就可以用一个二进制的编码序列来表示。比如,图 2.11(a) 中的编码曝光相机快门状态所对应的二进制编码序列为"11010101"。

　　图 2.11(b)是图 2.11(a)中快门状态所对应的频率响应,经过编码曝光技术对相机快门状态的精心调制过程,原来表现为低通盒状滤波器的频率响应变为一种宽带的滤波器,没有了尖锐的"波谷",因此运动模糊图像点扩展函数的频谱中不再含有频域零点,对编码曝光图像的运动模糊复原可以使用简单快速的逆滤波方法。图 2.11(c)是一幅用编码曝光相机近距离拍摄运动中的玩具火车所产生的运动模糊图像,图 2.11(d)是相应的逆滤波结果。对比图 2.10(d)的结果可以看出,基于编码曝光技术的运动模糊图像复原,其图像的复原质量得到很大的提高,明显地降低了振铃效应,且反卷积噪声明显减少,复原图像变得更加清晰。

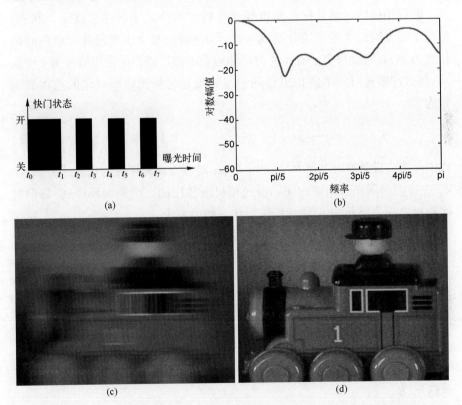

(a)　　　　　　　　　　(b)

(c)　　　　　　　　　　(d)

图 2.11　编码曝光相机曝光期间快门状态、频率响应及对应的逆滤波结果

(a) 编码曝光相机快门状态;(b) 编码曝光相机频率响应;

(c) 运动模糊图像;(d) 逆滤波结果。

▶▶ 2.3.2 编码曝光模糊图像的点扩展函数

虽然编码曝光使得传统病态的运动模糊图像复原转变为良态问题,从运动模糊图像精确估计出点扩展函数仍是基于编码曝光技术进行图像复原的关键。编码曝光技术最初的提出是用来处理成像设备与被拍摄目标之间作匀速直线运动情况下的运动模糊图像复原问题。由于相机曝光时间一般较短,加上运动物体的惯性,一般的物体运动都可以近似为匀速直线运动。因此,匀速直线运动模糊图像复原也是图像复原领域中最为典型和研究最为广泛的一类。本书也着重介绍在匀速直线运动情况下编码曝光运动模糊图像的点扩展函数计算方法。

假设拍摄的运动目标在相机曝光过程中始终处于匀速直线运动状态,将整个曝光时间 T 均匀地分割成 m 个子时间片,每个子时间片对应的时间长度为 T/m,假设每个子时间片内物体运动距离反映在图像中恰好为 1 个像素,那么在曝光时间 T 内拍摄得到的编码曝光模糊图像所对应的点扩展函数为

$$h = \frac{1}{s} \times [\, c_1 \quad c_2 \quad \cdots \quad c_i \quad \cdots \quad c_m \,], 1 \leqslant i \leqslant m \qquad (2.53)$$

式中:s 为二进制编码序列中"1"的个数;m 对应着编码序列的长度;$[\, c_1 \quad c_2 \quad \cdots \quad c_i \quad \cdots \quad c_m \,]$ 为曝光时间 T 内编码曝光相机所使用的二进制编码序列,每个时间片对应一个码元 c_i,c_i 和相机快门状态的关系为

$$c_i = \begin{cases} 1, & \text{若快门打开} \\ 0, & \text{若快门关闭} \end{cases} \qquad (2.54)$$

然而,在实际应用中无法确保每个曝光子时间片内物体沿运动方向的移动距离为 1 个像素。对于一般情况,当前的做法是首先对运动模糊图像进行缩放处理,使得缩放后的图像能够保证运动物体在每个子时间片内的移动距离刚好为 1 个像素。例如假设在曝光时间 T 内物体在图像中的模糊长度(即移动距离)为 k 个像素,则首先对编码曝光图像进行相应的缩放,缩放系数 a_s 为

$$a_s = \frac{m}{k} \qquad (2.55)$$

若编码曝光的码字长度 m 大于模糊长度 k,则需要以系数 a_s 对编码曝光模糊图像进行放大处理;反之,则使用系数 a_s 对编码曝光图像进行缩小处

理。显然,这种通过图像缩放来估计点扩展函数的方法有一定的局限性。图像的缩放操作是依靠插值算法来完成的。当缩放系数过大时,图像缩放过程本身就会对图像的分辨率产生比较大的影响。

那么很容易想到的一个问题是,在实际应用中如何确定编码曝光相机所使用的码字长度呢? 目前还没有专门的文献给出关于编码曝光码字长度选择的严格理论证明。Raskar 等通过大量的实验,从经验的角度最早探讨了这个问题。他们指出,一般情况下,对于大尺度的运动模糊需要使用长度较长的码字;对于小尺度的运动模糊使用长度较短的码字。理想情况下,最好能保持码字长度与模糊尺度的比例接近于 1。但在实践中,拍摄之前往往是难以估计出运动模糊图像的模糊尺度的。实际上,并不需要通过预先知道模糊尺度来确定码字长度,比如 Raskar 等使用同一个长度为 52 的码字,可以处理模糊尺度从 27 到 300 个像素的编码曝光运动模糊图像的复原。本书通过大量的实验得出的结论是,尽量使得编码曝光相机所使用的码字长度小于运动模糊尺度,也就是说在计算运动模糊图像点扩展函数时,最好对图像进行缩小操作,这样得到的复原图像质量一般比较理想。

从式(2.55)可以看出,对于编码曝光模糊图像的复原,需要预先从模糊图像中估计出图像的模糊尺度 k,这也是有效实现编码曝光模糊图像复原的关键之一。Raskar 等在最初提出编码曝光技术时并没有给出自动估计编码曝光图像模糊尺度的方法,他们使用手动标定的方式来获取这一参数。因此,目前亟需一种能够自动精确估计出编码曝光模糊图像模糊尺度的方法,这部分内容将在本书的第 5 章与第 6 章中进行详细论述。

2.4　基于编码曝光和压缩感知的新颖成像方法

▶ 2.4.1　压缩感知概述

数字化是信息社会的基础,首先要求我们必须把现实世界的模拟信号转化为数字信号进行处理。信号采样是实现信号模数转换的基本手段。当前,信号采样以奈奎斯特采样定理为重要理论基础。奈奎斯特采样定理指出,如果要无失真地恢复原始信号,那么采样速率必须达到信号带宽的 2 倍以上。然而随着时代的发展,人们对信息的需求量不断增加,要求作为信息载体的信号带宽不断拓展,以奈奎斯特采样定理为基准的信号采样速率也越来越高,其所要求的数据处理速度和存储空间给实际应用带来很大的困难。例如高速摄影中,解决其巨量数据的读取、存储以及传输问题就很困难,提升了很多硬件成本。

另一方面,由于现实世界的信号存在大量的冗余信息,在实际应用中,为了减少存储、处理和传输的压力,通常首先对采集到的数字信号进行压缩处理,只保留少量的重要数据,而大量非重要的数据被抛弃,如图 2.12所示。这种先高速采样再压缩丢弃的数据处理过程无疑浪费了大量的采样资源。那么有没有一种新的数据采集方式能让我们在信号采集过程中就完成对数据的压缩? 也就是说,能否以最终无损失恢复信号时需要多少数据就采集多少数据呢? 答案是肯定的,而这正是基于压缩感知理论给出的回答[20,94]。

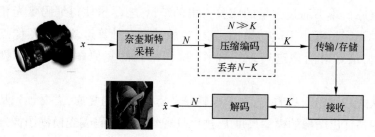

图 2.12　基于奈奎斯特采样定理的数据感知框架

2004 年,Donoho 首次创造性的提出了压缩感知理论,接下来 E. Candes、J. Romberg 以及 T. Tao 对此作了进一步的理论证明和完善,共同奠定了压缩感知的数学基础。压缩感知理论指出,只要信号是稀疏的或在某个变换域下是稀疏的,那么就可以用一个与变换基不相关的观测矩阵将变换所得高维信号投影到一个低维空间上,然后通过求解一个优化问题就可以从这些少量的投影中以接近于 1 的高概率重构出原始信号,可以证明这样的投影包含了重构信号所需的足够信息。可以看出,压缩感知采集方法并不是对数据直接进行采集,而是通过一个具有压缩特性的随机观测矩阵去感知信号,直接感知到一组压缩数据,最后利用最优化重建方法实现对压缩数据的重构,估计出原始信号的重要信息。在该理论下,用于传输/存储的数据就是采集到的数据,所以没有浪费任何采样资源,如图 2.13 所示。这样一来,信号的采样速率不再取决于信号本身的带宽,使得在满足信号的可压缩性,以及稀疏表示矩阵与观测矩阵的不相关性两个前提条件下,从低分辨率观测中重建出高分辨率原始信号成为了可能[95]。

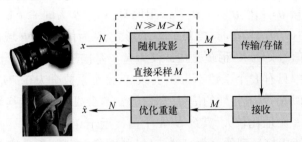

图 2.13　基于压缩感知理论的数据感知框架

上述两个条件恰恰是很容易满足的,因为现实世界中的大部分自然信号都存在大量的冗余信息,满足可压缩性的条件;而随机观测矩阵通常都能满足与稀疏表示矩阵非相关性的要求。

压缩感知理论创造性地颠覆了奈奎斯特采样定理规定的信号采集框架,自提出就受到了广泛的关注,已在医疗成像、图像压缩、图像超分辨、图像去噪、光学/遥感成像、无线通信、模式识别、信息论等领域得到了深入的研究。可以说,几乎所有涉及信号处理的学科领域都开展了对压缩感知理论及应用的研究。许多世界知名的大学,如美国的斯坦福大学、莱斯大学、麻省理工学院、杜克大学以及欧洲的如帝国理工大学、伦敦大学、爱丁堡大学等都成立了专门课题组对压缩感知进行研究。目前,国内也有较多的高等院校与科研单位开展了对压缩感知理论及其应用问题的研究,如清华大学、上海交通大学、西安交通大学、西安电子科技大学、国防科学技术大学、湖南大学、中科院电子所等。

▶ 2.4.2　压缩感知理论基础

考虑一个有限长的实值一维离散时间信号 $x \in \mathbb{R}^N$,元素 $x[n], n = 1, 2, \cdots, N$。$\mathbb{R}^N$ 空间的任何信号都可以用某组基向量 $\{\psi_i\}_{i=1}^{N}$(ψ_i 为 N 维列向量)的线性组合表示。为简单且不失一般性,假定这些基是规范正交的。于是任意信号 x 都可以表示为

$$x = \sum_{i=1}^{N} \theta_i \psi_i \qquad (2.56)$$

其中,展开系数 $\theta_i \le x, \psi_i \ge \psi_i^T x$。写成矩阵的形式,可以得到

$$x = \Psi\theta \tag{2.57}$$

这里,$\Psi = [\psi_1, \psi_2, \cdots, \psi_N] \in \mathbb{R}^{N \times N}$ 为正交基字典矩阵(满足 $\Psi\Psi^T = \Psi^T\Psi = I$),展开系数向量 $\theta = [\theta_1, \theta_2, \cdots, \theta_N]^T$。很明显,$x$ 与 θ 为同一个信号的等价表示形式,其中 x 为信号在时-空域的表示形式,θ 为信号在 Ψ 域(变换域)的表示形式。信号 x 为 K-稀疏是指 x 仅为 K 个基向量的线性组合,也就是说,系数向量 θ 中只有 K 个系数不为 0,其余 $N-K$ 个系数全为 0。实际应用中更关心具有近似 K-稀疏特性的信号,即信号 x 本身或者其在变换域 Ψ 中的系数向量只有 K 个值比较大,其余 $N-K$ 个值接近于 0。

人们生活中接触到的多数自然信号(如图像、视频)都具有 K-稀疏的特性,这也是当前图像和视频压缩编码算法能够实现的前提和基础。压缩编码算法正是通过首先将信号在变换域中进行表示,得到变换系数向量,然后筛选出 K 个大系数,将剩余的 $N-K$ 个小系数直接扔掉,只对 K 个大系数的值和位置进行编码,以此达到数据压缩的目的。由于 $K \ll N$,说明这种传统的压缩算法的数据压缩效果是非常明显的,但从另一个侧面也说明了这种基于奈奎斯特采样定理的数据采集与数据处理流程浪费了大量的采样资源;并且即使最终只需要 K 个大系数,也不得不首先计算出所有的系数向量的值,浪费了大量的计算资源。

压缩感知理论的出现解决了传统的以奈奎斯特采样定理为基础的信号处理框架的弊端。它通过一个随机投影直接对信号进行较少采样,实现了在采样的同时就完成数据压缩的目的,从而节约了大量的采样成本。

压缩感知理论指出,如果长度为 N 的一维离散信号 x 在某组正交基 Ψ 上的变换系数向量 θ 是 K-稀疏的,即其中非零系数的个数 $K \ll N$,那么就可以采用另一个与正交基字典 Ψ 不相关的观测矩阵 $\Phi \in \mathbb{R}^{M \times N}$ ($K < M \le N$),对信号 x 执行一个压缩观测:

$$y = \Phi x = \Phi\Psi\theta = \Theta\theta \tag{2.58}$$

得到长度为 M 的线性观测(或投影)$y \in \mathbb{R}^M$,这些少量的线性投影中包含了重构信号 x 的足够信息,如图 2.14 所示,其中 $\Theta = \Phi\Psi$ 称作测量矩阵。

由式(2.58)可知,只要能从观测 y 中恢复出系数向量的估计 $\hat{\theta}$,就可以利用式(2.57)重建出原始信号的估计 $\hat{x}$。但从式(2.58)上看,从压缩观测 y 中求出 $\hat{\theta}$ 几乎是不可能的,因为其中未知数的个数远远大于方程个数,是一个严重的病态方程组,有无穷多个可行解。幸运的是,信号的变换系数向

量 $\boldsymbol{\theta}$ 是稀疏的,大部分值都为 0,这样未知数的个数大大减少,使得信号重构成为可能。

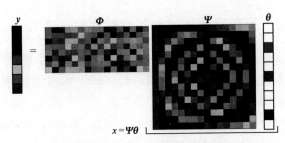

图 2.14　压缩观测向量的矩阵表示

然而,在变换系数 $\boldsymbol{\theta}$ 足够稀疏的情况下,从信号的压缩观测中实现信号的重建还需要满足另外一个条件:由观测系统 $\boldsymbol{\Phi}$ 所确定的测量矩阵 $\boldsymbol{\Theta}$ 需要满足任意 $2K$ 列都是线性无关的。在这两个条件都同时满足时,就可以通过求解如下 ℓ_0 范数优化问题:

$$\min_{\theta}\|\boldsymbol{\theta}\|_0 \quad \text{s.t.} \quad \boldsymbol{y}=\boldsymbol{\Theta}\boldsymbol{\theta} \qquad (2.59)$$

获得一个唯一确定的解,即稀疏系数向量 $\boldsymbol{\theta}$。将它与正交基字典相乘,就可以得到重建信号 $\boldsymbol{x}=\boldsymbol{\Psi}\boldsymbol{\theta}$。这里,$\|\boldsymbol{\theta}\|_0$ 表示 $\boldsymbol{\theta}$ 的零范数,即 $\boldsymbol{\theta}$ 中非零元素的个数。因此,基于 ℓ_0 范数优化去重建稀疏系数,需要穷举 $\boldsymbol{\theta}$ 中所有可能的 $\binom{N}{K}$ 个非零项的位置,这是一个 NP 难的非凸优化问题。目前基于解 ℓ_0 范数优化问题的压缩感知重建方法主要有两类:①贪婪算法,主要代表有匹配追踪算法(Matching Pursuit,MP)、正交匹配追踪算法(Orthogonal Matching Pursuit,OMP)以及压缩采样匹配追踪算法(Compressive Sampling Matching Pursuit,CoSaMP);②阈值算法,主要以迭代阈值收缩方法为代表。贪婪算法的计算复杂度很高,需要很长的计算时间,且容易陷入局部最优解;阈值算法所需的计算时间相对较少,但解不具有连续性,很容易受到数据噪声的干扰,并且也无法保证收敛到全局最小值。

由 Candes 和 Donoho 提出的通过解 ℓ_1 范数凸优化问题进行压缩感知重建的工作具有里程碑式的意义,它的基本思想是将式(2.59)的非凸的 ℓ_0 范数优化问题用 ℓ_1 范数来代替:

$$\min_{\theta}\|\boldsymbol{\theta}\|_1 \quad \text{s.t.} \quad \boldsymbol{y}=\boldsymbol{\Theta}\boldsymbol{\theta} \qquad (2.60)$$

解 ℓ_1 范数优化属于凸优化问题的范畴,可以方便地通过 BP 算法[17,19]将其转化为线性规划问题进行求解。

2.4.3 编码曝光技术和压缩感知结合实现高速摄影

视频是图像序列的集合,可以看作是一个三维的数据立方体。传统的视频摄像机就是使用二维面阵传感器进行时间上的连续成像,每次得到视频数据中的一帧图像。显然,在这样的成像方式下视频的空间分辨率和时间分辨率是不可兼得的。当空间分辨率较高时,单次二维成像所需要的曝光时间就会增加,采样间隔必然增长,时间分辨率将会下降;反之亦然。Veeraraghavan 等首先利用压缩感知理论,使用低帧率编码曝光相机实现了对具有周期特征的场景信号的高速摄影。使用编码曝光相机连续采集多帧编码曝光图像,因为周期信号在傅里叶变换域能被很好地稀疏表示,故此可以利用压缩感知重建技术从这些低帧率的编码曝光图像中重建出高速视频帧。整个过程完全符合压缩感知的数据采集流程,如图 2.15 所示。Veeraraghavan 等使用 25 帧/s 的编码曝光相机获取了 2000 帧/s 的高速视频信号。

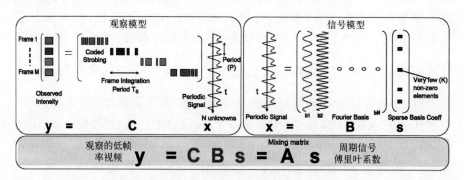

图 2.15 文献[87]的信号感知模型和稀疏表示模型

2011 年,Y. Hitomi 等人基于压缩感知理论提出了一种新的高速视频重建方法:广义编码曝光。本书之所以称为广义编码曝光是为了区分 Raskar 等提出的狭义编码曝光。狭义编码曝光只能做到对所拍摄场景光的单帧级的编码曝光控制,而广义编码曝光则可以实现对场景光的单像素级的编码曝光控制。

设 $E(x,y,t)(t=1,2,\cdots,N)$ 为想要获取的高速视频数据,$S(x,y,t)$ 为广

义编码曝光过程中用于对单像素进行曝光控制的快门函数,若 $S(x,y,t)=1$ 则 t 时刻 (x,y) 像素位置传感器单元收集光子能量,若 $S(x,y,t)=0$ 则不收集光子能量。那么,广义编码曝光相机在 (x,y) 像素位置的像素值可以表示为

$$I(x,y) = \sum_{t=1}^{N} S(x,y,t) \cdot E(x,y,t) \qquad (2.61)$$

显然,若曝光过程中 $S(x,y,t) \equiv 1$,则该过程退化为普通相机的曝光过程;若在同一时刻 t,对任意位置 (x,y),$S(x,y,t)$ 随机取相同的值 0 或 1,则该过程退化为狭义编码曝光方式。基于广义编码曝光和压缩感知理论的高速摄影技术的目标是从单幅广义编码曝光图像 I 中重建得到高速视频 E。式(2.61)可以写成矩阵相乘的形式:

$$I = SE \qquad (2.62)$$

其中,I 和 E 分别为具有 $M \times M$ 和 $M \times M \times N$ 个元素的列向量。显然观测向量 I 的长度远小于未知量 E 的长度,从 I 中恢复重建 E 是一个严重的病态问题,方程有无穷多个解。

由压缩感知理论可知,如果高速视频信号能被很好地稀疏表示,则能够精确重建出 E。Y. Hitomi 等通过字典学习的方法构建了一个过完备字典 D,得到高速视频信号 E 的很好的稀疏表示结果:

$$E = D\alpha = \alpha_1 D_1 + \alpha_2 D_2 + \cdots + \alpha_k D_k \qquad (2.63)$$

其中,$\alpha = [\alpha_1, \alpha_2, \cdots, \alpha_k]^{\mathrm{T}}$ 为稀疏表示系数。在字典 D 的表示下,α 中只有很少的非零项,是典型的稀疏向量。Y. Hitomi 等使用正交匹配追踪(OMP)方法通过解如下的最小化问题:

$$\hat{\alpha} = \arg\min_{\alpha} \|\alpha\|_0 \quad \text{s. t.} \quad \|SD\alpha - I\|_2^2 < \varepsilon \qquad (2.64)$$

得到了 α 的精确稀疏估计 $\hat{\alpha}$。最后通过计算 $\hat{E} = D\hat{\alpha}$ 重建得到高速视频信号。基于广义编码曝光和压缩感知理论的高速视频重建方法的基本流程如图 2.16 所示。

这种方法相对传统高速成像方法的先进性主要体现在:第一它构造了由大量不同场景的视频片段组成的学习样本,并基于此样本使用字典学习的方法获得能够对视频进行更好稀疏表示的过完备字典,使得最后的重构结果更加精确;第二它使用普通图像传感器获得高速视频,突破了传统高速成像方法的硬件约束。这是一种典型的基于广义编码曝光和压缩感知理论进行高速视频重建的方法,能够同时达到视频的高空间分辨率与高时间分

辨率。然而,就目前的传感器设备来讲,还没有能力支持这种单像素级编码曝光控制方式,需要借助 LCOS 设备或者 DMD 微镜阵列来进行控制,仍然面临许多硬件实现上的困难。

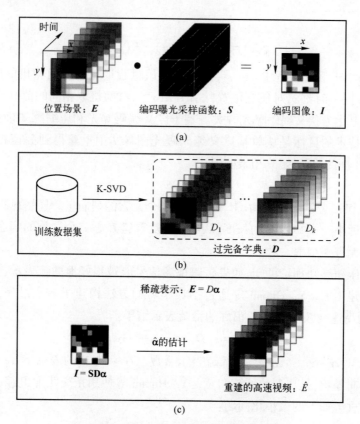

图 2.16　基于广义编码曝光和压缩感知的
高速视频重建流程(图片来自文献[91])
(a) 编码采样;(b) 离线字典学习;(c) 稀疏重建。

2.5　小　　结

　　本章主要介绍了基于编码曝光技术的运动模糊图像复原方法和高速视频重建方法所涉及的一些基本理论和流程。首先从图像复原的角度介绍了图像运动模糊模型,进而由传统的运动模糊图像复原方法的病态性问题引出了编码曝光技术,介绍了编码曝光技术的基本概念以及匀速直线运动条件下编码曝光模糊图像点扩展函数的计算方法。虽然基于编码曝光的运动模糊图像复原具有诸多优势,但目前主要用于拍摄作匀速直线运动的物体。为了解决运动形式更加丰富的高速运动物体的清晰成像问题,结合最近出现的压缩感知理论,介绍了当前几种基于编码曝光技术并结合压缩感知理论尝试进行高速视频重建的方法的思路和流程。

第 3 章
基于勒让德序列的编码曝光最优码字搜索方法

　　编码曝光技术的核心思想是在相机曝光期间根据预先设计的二进制编码序列(也称为码字)快速地开-关相机快门以保留图像的高频信息。通过这种精心设计的快门开关方式,编码曝光相机相当于定义了一个时间轴上的宽带滤波器,有效地保留了被拍摄场景中的高频细节信息(纹理、边缘等),使得运动模糊图像的点扩展函数不含频域零点,将病态的运动模糊图像复原问题转化为一种良态问题。因此,寻找控制相机快门的最优码字是编码曝光技术的关键,将会直接影响复原图像的质量。

　　编码曝光技术一经提出,对于设计寻找编码曝光最优码字的问题就立即引起了众多研究者们的兴趣,并涌现出了许多卓有成效的成果。Raskar等[15]采用随机线性搜索的方法得到一个近似最优的码字,并且首次提出了选取编码曝光相机最优码字的两条标准。Agrawal 和 Xu 同时考虑编码曝光图像点扩展函数的可逆性和易估计性,提出了一种寻找最优码字的方法[65]。McCloskey 证明了最优码字依赖于被拍摄物体的运动速度,并提出了一种速度依赖的最优码字搜索方法[68]。但是这些基于随机搜索的方法只适用于寻找长度较短的码字,当需要获取长度较大的码字时效果往往不够理想,甚至会因为消耗过长的计算时间而无法实现。因为对于二进制码字序列来讲,其搜索空间会随着码字长度呈现指数级增长。因此,当前这些基于随机搜索的方法大多采用人为大幅缩减搜索空间的办法来提高搜索效率。人为缩减搜索空间显然难以获得性能最优的码字,得到的码字往往是近似最优。因此,有必要研究更加高效的最优码字搜索方法。

最近,Jeon 等人提出可以将信息论领域中研究比较成熟的低互相关度的二进制编码序列应用于编码曝光技术中,并着重研究了基于勒让德序列的编码曝光最优码字寻找方法。受他们的启发,我们提出了一种基于勒让德序列和遗传算法的最优码字搜索方法。首先对勒让德序列进行旋转和延拓操作,然后将经过最优旋转和延拓操作的勒让德序列作为遗传算法的初始化种群,使用精心设计的适应度函数,在较短的时间内就可以计算得到适用于编码曝光相机的最优码字。该方法充分利用了勒让德序列可以直接通过公式快速计算得到的优势,并且经过最优旋转和延拓的勒让德序列本身已经具备较高水平的适应度值,可以使得遗传算法快速收敛,因此该方法非常高效,适用于搜索长度较大的最优码字。

3.1　低互相关度二进制编码

▶ 3.1.1　价值因子和编码因子

寻找低互相关度的二进制编码序列是一个非常困难的组合优化问题。从 20 世纪 60 年代起,物理通信和人工智能领域的研究者们就对其进行了深入的研究。这个问题之所以能够引起研究者们广泛的兴趣主要有两个方面的原因[96]:一是其在多个领域的广泛应用,如无线电通信中的同步编码、脉冲压缩以及雷达通信等,以及在物理学和化学领域的应用;二是它引出了一个具有巨大困难的优化任务,给研究者们提出了强大挑战并激发了研究者们浓厚的兴趣。

定义具有 N 个元素的二进制编码序列 $A = [a_1, a_2, \cdots, a_N]$,其中每个元素 a_i 取值 0 或 1,那么码字 A 在位移 m 处的非周期性互相关度定义如下[97]:

$$c_m = \sum_{i=1}^{N-m} (-1)^{a_i + a_{i+m}}, m = 0, 1, \cdots, N-1 \qquad (3.1)$$

同时,码字 A 的能量定义如下:

$$E = \sum_{m=1}^{N-1} c_m^2 \qquad (3.2)$$

51

可以说,从一开始数字通信工程师们就一直在寻找一个合适的度量指标去衡量所使用的二进制码字的质量,以使得这个码字的非周期性互相关度尽量得小[98]。1972 年,Golay 定义了一个价值因子去衡量码字的质量,在信息论领域迅速地得到了最为广泛的应用[99,100]。码字 A 的价值因子定义如下:

$$M(A) = \frac{N^2}{2E} \tag{3.3}$$

其中,N 为码字的长度。价值因子 $M(A)$ 的值越大,则其非周期性互相关度越小,代表码字的质量越好。

如果将价值因子的概念用于衡量编码曝光相机的码字,则价值因子实际上对应着模糊图像的反卷积噪声。文献[101]给出了价值因子和二进制编码序列傅里叶频谱关系的表达式:

$$\sum_{m=1}^{N-1} c_m^2 = \frac{1}{2} \int_0^1 \left[\mid F(A) \mid^2 - N \right]^2 \mathrm{d}\theta \tag{3.4}$$

式中:$\mid F(A) \mid$ 代表二进制码字的傅里叶频谱;N 为码字长度。由式(3.4)可知,对于固定长度为 N 的码字,价值因子衡量了码字傅里叶变换频谱的振幅偏离固定值 N 的程度,即价值因子越大则总的偏离程度越小,其傅里叶变换频谱曲线表现得越平滑,反之则越振荡,如图 3.1 所示。图 3.1 中两条曲线分别为两个具有不同价值因子的二进制编码的傅里叶频谱响应,很明显地可以看出,价值因子较大的码字其傅里叶频谱曲线更加平坦。

控制编码曝光相机码字的傅里叶变换频谱曲线越平滑,那么对模糊图像进行反卷积后得到的复原图像噪声越小,当然复原图像的质量也更好;反之,如果码字的傅里叶变换频谱曲线振荡很大,有许多尖锐的峰值,那么在反卷积的过程中噪声也会随之被放大,从而影响复原图像的质量。因为图像的反卷积过程包含了对码字傅里叶频率响应的逆运算,而平坦的频率响应可以保证对模糊图像点扩展函数估计的微小误差不会在反卷积的过程中被严重放大。所以,要寻找价值因子尽量大的二进制编码作为编码曝光相机的码字。

在信息论领域,价值因子是衡量二进制编码序列质量最为常用的标准。将价值因子作为衡量编码曝光相机码字优劣的标准进行码字搜索同样可以得到性能不错的码字,但针对编码曝光成像的特点,使用单一的价值因子作为寻找码字的标准是不够的,还需要考虑影响码字质量的其他因素。为了充分满足 Raskar 等提出的两条标准[15]，针对编码曝光技术特点，Jeon 等[71] 结合价值因子定了一个新的度量指标去衡量编码曝光码字的质量，称为编码因子，其表达式如下：

$$C(A) = M(A) + \lambda \min \left[\left| \log(\left| F(A) \right|) \right| \right] \tag{3.5}$$

式中：$M(A)$ 为码字的价值因子；$\left| F(A) \right|$ 为码字的傅里叶变换频谱；λ 为平衡前后两项的权重参数。在文献[71]中，Jeon 等通过大量的实验证实了使用编码因子来衡量编码曝光码字的有效性。

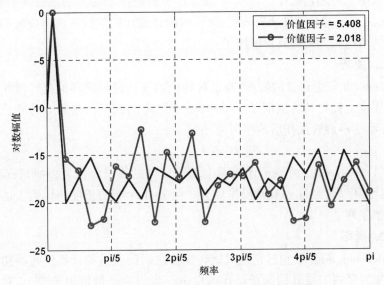

图 3.1　不同价值因子码字的傅里叶变换频谱曲线

▶ 3.1.2　勒让德序列

勒让德序列[100]是具有较高价值因子的二进制编码序列，在很多不同领域的应用中都是最流行的二进制编码之一。在给出勒让德序列的定义之前，需要首先介绍二次剩余的概念。对于整数 X 和 p，整数 X 为二次剩余（$\mathrm{mod}\,p$）是指存在着一个整数 q，使得 q^2 除以 X 余数为 p。

长度为素数 L 的勒让德序列定义如下：

$$a_i = \begin{cases} 1, & i=0 \\ \left(\dfrac{i}{L} \right), & i>0 \end{cases} \tag{3.6}$$

其中，a_i 是序列中索引为 i 的二进制码元，$\left(\dfrac{i}{L}\right)$ 为勒让德符号，如果 i 为二次

剩余$(\bmod L)$，则$\left(\dfrac{i}{L}\right)$ 取值为 1；否则，取值为 0。由勒让德序列的计算公式可以看出，给定一个素数 L，就能快速得到一个勒让德序列。

使用勒让德序列作为编码曝光相机码字的优势包括首先勒让德序列本身已经具备较高的价值因子，其次勒让德序列可以由公式直接计算出来，在计算效率上要远远高于前面所介绍的基于随机搜索的方法。更进一步，文献[102，103]的开创性研究表明，只需对勒让德序列进行简单地旋转和延拓操作就可以大大提高其价值因子。

1. 旋转

Høholdt 等创造性的发现，通过对勒让德序列进行循环的旋转操作可以很大程度上提高其价值因子[102]。对一个给定的长度为素数 L 的勒让德序列 A，经过 r-旋转操作后的序列为

$$U^r = (A_{r+1:L}; A_{1:r}) \tag{3.7}$$

其中：$1 \leqslant r \leqslant L-1$，$(;)$ 表示连接两个编码序列的算子。可见，对于长度为 L 的勒让德序列，经过 r-旋转操作后会产生 $L-1$ 个新的长度同样为 L 的改进勒让德序列。

2. 延拓

Borwein 等证明：通过把经过旋转操作之后的改进勒让德序列的初始部分添加到序列末尾处的延拓操作可以进一步提高其价值因子[103]。对勒让德序列进行延拓操作的另外一个好处在于可以摆脱由勒让德符号产生的勒让德序列长度都是素数的限制。经过适当的延拓操作，则可以得到想要获取的任意长度的二进制编码序列。对经过旋转操作之后得到的序列 U^r 进行 t-延拓操作即把 U^r 的前 t 个码元添加到其末尾处，表示如下：

$$P^t = (U^r; (U^r)_{1:t}) \tag{3.8}$$

其中，$t = N-L$，即通过延拓操作，则可以由初始长度为素数 L 的勒让德序列得到最终想要获取的长度为 N 的改进勒让德序列。对由素数 L 产生的勒让德序列，在经过旋转和延拓操作后就可以得到 $L-1$ 个新的长度为 N 的改进勒让德序列，分别计算这些改进勒让德序列的编码因子，编码因子最高的改进勒让德序列称为最优旋转-延拓的勒让德序列。

3. 翻转

Gallardo 等在其研究中使用翻转操作寻求进一步提升改进勒让德序列

的价值因子[96]。传统的针对二进制编码序列的翻转操作是这样进行的：对长度为 N 的码字，按顺序每次翻转其中一个码元（$0{\rightarrow}1$ 或者 $1{\rightarrow}0$），然后计算其价值因子，经过 N 次操作就可以计算出翻转码字中的哪一个码元时，码字的价值因子提高最多，那么则翻转这个使得原始码字价值因子提高最多的码元生成一个新的码字。对新的码字重复前面的步骤，直到翻转任何码元其价值因子相对前一个码字都不再有新的提高为止。此时得到的码字就是最优码字。由前面计算价值因子的公式可知，对长度为 N 的码字，翻转操作的整个流程需要 $O(N^3)$ 次运算才能完成，显然对于长度较长的码字来说需要的运算代价太高甚至很多时候是无法完成的。最近，Baden 提出一个有效的针对翻转操作的优化算法，可以进一步提高最优旋转-延拓的勒让德序列[104]。Baden 通过推导得到一个针对翻转运算的优化公式，然后借助快速傅里叶变换的算法优势，可以使得翻转操作在 $O(N\log N)$ 次运算内完成。

▶ 3.1.3　MLSG 方法及其不足

Jeon 等借助于旋转、延拓和翻转操作，提出了一种获取改进勒让德序列的方法（Modified Legendre Sequence Generation Method，MLSG），并将其应用于编码曝光成像中。然而在 MLSG 方法中，Jeon 等直接使用了 Baden 推导出来的优化公式进行翻转操作，却是不合适的。因为 Baden 提出的优化公式是针对码元取值为 $\{-1,1\}$ 的码字推导而来的，但是编码曝光相机的码字是码元取值为 $\{0,1\}$ 的二进制编码序列。针对码元取值为 $\{0,1\}$ 的码字，翻转操作的优化公式应该表示为

$$\delta_j = -8(-1)^{a_j}((C*(-1)^A)_j + (C*(-1)^{A^\gamma})_{N+1-j})$$
$$+ 8((-1)^A * (-1)^{A^\gamma})_{N+1-2j} + 8(N-2) \tag{3.9}$$

式中：δ_j 表示由于翻转第 j 个码元引起的码字互相关度的变化；$*$ 为交叉相关算子；C 为码字 A 的非周期性互相关度；$(-1)^A$ 表示分别以码字 A 中码元为幂次，以-1 为基底的元素组成的向量；A^γ 为码字 A 的逆序排列，即 $a_i^\gamma = a_{N-i+1}$。

通过式（3.9）可知，可能使得码字价值因子提升的码元索引的候选集为

$$\Delta_1 = \{j \mid \delta_j > 0\} \tag{3.10}$$

可见，通过优化式（3.9）进行翻转操作时就不用对码字中的码元进行逐个翻转，只需要对候选集 Δ_1 中索引所对应的码元进行翻转。实际上，当码字长度

很大时(几千甚至上万),这种优化方法非常有效。另外,通过对式(3.9)作傅里叶变换,其中的交叉相关算子在频域里变成乘积的形式,利用快速傅里叶变换的运算优势,可以有效地将翻转操作的计算复杂度控制在 $O(N\log N)$ 以内。这就是 Baden 提出的针对翻转操作的运算效率进行优化的核心思想。Baden 提出的优化方法主要是针对超长码字的翻转操作,比如几千或者几万甚至百万,但对于编码曝光技术而言,由于物理硬件方面的限制,其所使用的码字长度一般都在几十到几百之间。对于长度在几百以内的码字,即使采用传统的遍历翻转的方法也不会耗费太多的计算时间。

MLSG 方法的整体思路是由长度为素数 L 的勒让德序列经过最优旋转和延拓操作之后,进一步使用翻转操作以使其编码因子进一步提升。事实上,当得到最优旋转−延拓的勒让德序列后,翻转操作并不能使码字的价值因子或者编码因子获得很大的提升空间。比如,我们生成 251 个长度分别从 50 到 300 的最优旋转−延拓的勒让德序列,然后使用翻转操作去尝试进一步提升其价值因子。图 3.2 给出了翻转操作的增益曲线,可以看出,经过翻转操作后几乎所有的最优旋转−延拓勒让德序列的价值因子都无法得到进一步提升,只有其中 3 个长度分别为 100、234 和 236 的序列的价值因子获得了提高,但最大增益也只有 0.0625,几乎可以忽略不计。可见,相对于翻转操

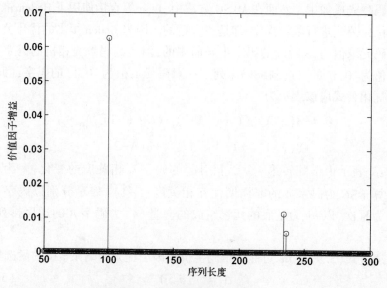

图 3.2　翻转操作增益曲线

作所需要的计算量而言,其带来的增益性价比是很低的。Baden 也指出,经过最优旋转和延拓的勒让德序列其实已经几乎达到了其码字价值因子的最大值[104]。

3.2　基于勒让德序列和遗传算法的最优码字搜索

与使用翻转操作来谋求最优旋转–延拓勒让德序列编码因子的进一步提升的思路不同,我们尝试使用遗传算法[105]去搜索最优的改进勒让德序列作为编码曝光相机的最优码字。通过合理的设计适应度函数,遗传算法可以同时考虑影响码字质量的各个指标,来达到一个综合的最优效果,比如可以同时达到价值因子和 $\min(|F(A)|)$ 的最大。因为勒让德序列可以通过公式很快计算出来,针对编码曝光相机所需要的码字长度,可以通过旋转和延拓操作构造出一个包含所有可能的改进勒让德序列的集合,然后从这个集合中随机地选取一个含有固定数量改进勒让德序列的子集作为遗传算法的初始种群。在每个迭代步骤里使用选择、交叉和变异算子实现子代的更新。

可以发现,遗传算法里的变异算子与上面介绍的翻转操作的作用非常类似。为了减少子代里重复序列的概率同时增加变异的概率,在这部分算法的实验里,本书将遗传算法中交叉和变异算子的概率都设为1。我们将编码因子设为遗传算法的适应度函数,因此本书提出的基于遗传算法的最优码字搜索方法综合考虑了价值因子和 $\min(|F(A)|)$,其结果更适合于作为编码曝光相机的码字。本书提出的基于勒让德序列和遗传算法的编码曝光最优码字搜索方法的流程如图 3.3 所示。

算法1　基于勒让德序列和遗传算法的最优码字搜索

流程 SequenceSearchusingGA(length $= N$)

1: $L = \{L_i | \frac{N}{2} \leqslant L_i \leqslant N, L_i 为素数\}$

2: count $= 0$;

3: **for each** L_i

4: 　　$A_i =$ 由公式(4)定义的原始勒让德序列

5: 　　$t = N - L_i$

6: 　　**for** $r = 1 : L_i - 1$

7: 　　　　$U^r =$ rotating(A_i, r);//r–旋转

8:                    $count = count + 1;$

9:                    $P(count) = appending(U^r, t);$//t-延拓

10:    **end for**

11: **end for**

12: 从P中随机选择固定数量的改进勒让德序列作为遗传算法的初始种群

13: 遗传算法参数设置（选择、交叉、变异）

14: 运行遗传算法，返回结果

15: 流程结束

图 3.3   基于遗传算法和勒让德序列的编码
曝光最优码字搜索方法流程图

3.3   实验结果与分析

实验计算机配置为 Intel Core i5-3230M 双核处理器,使用 Matlab 2011a 遗传算法工具箱来执行本书码字搜索任务。在所有的实验中,遗传算法使用随机均匀分布选择算子、分散交叉算子、自适应前向变异算子。种群迭代的最大代数被限定为 50,种群大小设定为 200。

▶ 3.3.1   基于遗传算法的最优码字搜索

这里使用编码因子(式(3.5))作为遗传算法的适应度函数,在所有的实验中,权重参数 λ 取值 8.5。表 3.1 给出了部分使用本书所提方法搜索得到的最优码字。为了书写简洁,表 3.1 中将二进制码字转换为 16 进制进行表示。

表 3.1   部分码字搜索结果(长度 40~200)

码 字 长 度	最优码字(16 进制)
40	69F6E0A98D
50	466CA77C5C11
60	6D45B52779F0611
70	F5F9176A1CD6CA63
80	7EC3155CF25A193B3D2
90	173B2D978C57F4EC8D015C

（续）

码字长度	最优码字（16进制）
100	2D1D833CC0DC5A28DAFFAD8A2
110	B80E34638FE2DDD484D37B5112E
120	9F4E85B003685CBE7192BBBA931CFA
130	1F41567DE9CCC6841957681E5B0FD22AC
140	4C186EED50D9EA9119E7CDEB683EA0FA4A1
150	F3E6F5B83EA0FA4A130619DDAA1B3D52233CF
160	CC186776A86CF5488CF3E6F5B41F507D2509830C
170	10852EC87864ECF0FE45AFBD61328CAACEB379420A5
180	6CADE890465CE988244F6A2DFA8F879B4E533C3E2BF68
190	9AED5ECE0991862641C6F56EB282DF86EC3F6829AED5EC7
200	D04B3558342440FEEDE9F2A996FA18DC97C628EB9C16C4E7A2

　　为了说明本书所提方法相对 MLSG 方法的优越性，这里使用表 3.1 中长度为 200 的码字和 MLSG 方法搜索得到的相同长度的码字进行比较。相对 MLSG 方法，本书方法得到的码字在价值因子和编码因子上得到的增益分别为 0.443 和 6.514。两个码字的傅里叶变换频谱曲线如图 3.4(a) 中所示。可以看出，频谱曲线的比较结果和上面的数值分析结果是完全一致的。本书方法得到的码字其傅里叶频谱更为平坦，而且频谱最小值更大。图 3.4(b) 展示了本书方法的遗传算法搜索过程的迭代曲线，可以看出其收敛速度是非常快的。虽然本书方法设定的最大迭代周期是 50，经过本书大量实验发现，基本上在 30 代以内就能实现完全收敛。对于表 3.1 中的最优码字，本书方法的平均运算时间为 9.21s，相对传统的随机线性搜索方法，运算效率得到了大幅度的提升。

　　表 3.2 列出了分别使用本书方法以及 MLSG 方法进行较长码字搜索时的运行时间。由于 MLSG 方法基于 Baden 提出的方法对翻转操作进行了优化，使得 MLSG 方法的运算效率很高。实际上，在本书实验过程中发现，由于在最优旋转-延拓的勒让德序列的基础上翻转操作几乎没有作用，使得式(3.10)中的候选集经常为空，即没有进行翻转操作，因此 MLSG 方法取得的码字性能仍有较大的提升空间。本书方法的运行效率虽然略低于 MLSG 方法，但取得的码字性能更高。本部分实验同时对 Agrawal 等人提供的随机

线性搜索程序进行了测试,当人为地将码字搜索空间压缩到 10^6 时,其平均码字搜索时间为 268.06s,而当码字搜索空间为 10^8 时,其平均码字搜索时间高达 26779.90s,运行时间远远高于本书方法。

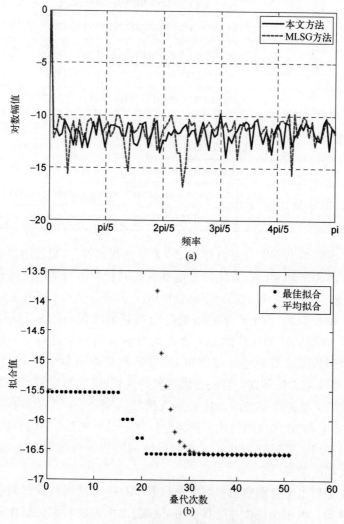

图 3.4 本书码字和 MLSG 码字性能
对比以及本书码字遗传算法运算过程
（a）本书码字与 MLSG 码字的傅里叶频谱曲线；
（b）本书方法的遗传算法迭代过程。

表 3.2　本书方法与 MLSG 方法部分码字搜索时间

码字长度	100	120	140	160	180	200
本书方法运行时间/s	6.2858	7.9878	9.7655	11.9539	13.4668	15.7125
MLSG 方法运行时间/s	1.7849	2.4445	3.4786	4.0744	5.7142	7.0731

▶ 3.3.2　仿真编码曝光图像复原实验

首先,这里采用 Amit Agrawal 等提供的高速视频序列"Moving Hairnet Box"来仿真合成编码曝光图像。"Moving Hairnet Box"是一组使用高速相机拍摄得到的帧率为 1000 帧/s 的真实高速图像序列,也称为高速视频帧序列。该高速视频帧序列里被拍摄目标的运动速度为 0.54 像素/帧。使用高速视频帧序列来合成编码曝光图像的方法是在码字中有"1"的地方添加 1 帧或者连续多帧相应位置的视频帧,然后加和取平均。通过控制对码字中单个"1"添加的连续视频帧的数量来模拟具有不同模糊尺度的编码曝光图像。例如,针对码字"101",如果对码字中每个"1"添加两幅相应位置的连续视频帧,则码字中第一个"1"对应高速视频序列中的第 1 和第 2 帧,码字中第二个"1"对应高速视频帧序列中的第 5 和第 6 帧。最后通过求平均,就可以得到一幅模糊尺度为 3.24 像素的仿真编码曝光图像。

分别使用本书方法、MLSG 方法以及 Raskar 方法生成三个长度为 100 的二进制码字,然后通过上面介绍的编码曝光图像仿真方法,生成三幅仿真的编码曝光图像。这里对码字中每个"1"添加两幅连续视频帧,因此得到的仿真编码曝光图像的模糊尺度为 108 像素。由于三种方法得到的码字都满足其傅里叶变换频谱中不含零点的基本条件,所以使用直接的矩阵逆运算就可以快速地得到复原结果,如图 3.5 所示。

图 3.5(a)中的两幅图像是使用本书方法所得码字仿真生成的编码曝光模糊图像以及其对应的复原图像;图 3.5(b)中的两幅图像是使用 MLSG 方法所得码字对应的仿真图像及其复原结果;图 3.5(c)中的两幅图像是使用 Raskar 方法所得码字对应的仿真图像及其复原结果。从视觉质量上可以看出,使用本书方法生成的码字用于编码曝光成像中,得到的复原图像最清晰,噪声最小。在图像质量定量比较上,本书采用最常用的峰值信噪比(PSNR)作为衡量指标。图 3.5 中 3 幅复原图像(从上到下)的峰值信噪比

分别为 29. 34dB、26. 59dB 和 22. 87dB，与视觉质量的对比结果是完全一致的。可见，无论是从视觉质量上还是图像质量的定量比较上，相对 MLSG 方法以及 Raskar 方法，本书方法搜索得到的码字在应用于编码曝光成像中，得到的复原图像质量最好。

图 3.5　分别使用本书码字、MLSG 码字和 Raskar
码字得到的仿真图像及复原结果
（a）使用本书码字得到的仿真图像及复原结果；
（b）使用 MLSG 码字得到的仿真图像及复原结果；
（c）使用 Raskar 码字得到的仿真图像及复原结果。

▶ 3.3.3　真实编码曝光图像复原实验

我们使用 PointGrey 公司的 Flea2 相机去拍摄作匀速直线运动的玩具火车以获得真实的编码曝光运动模糊图像。为了更加有效地说明本书编码曝光技术用于运动模糊图像复原时的优势,该实验中通过手工在玩具火车上粘贴具有丰富纹理信息的贴纸以增加图像复原的难度。Flea2 相机工作在 IEEE DCAM Trigger mode 5 模式下,可以支持编码曝光的功能。Flea2 相机本身是采用软件中断方式控制其快门动作,但是由于编码曝光相机单次快门开关需要的时间非常短暂,系统软中断的方式经常难以达到算法要求的时间精度。因此,本书采用 Arduino 开源微控制器为 Flea2 相机提供外部触发信号源。针对所使用的二进制码字,通过编程控制微控制器的输出接口产生触发信号来控制 Flea2 相机的曝光。实验装置如图 3.6 所示。

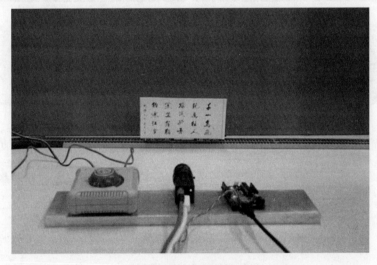

图 3.6　实验装置

在真实编码曝光图像复原实验里,分别使用本书方法、MLSG 方法以及 Raskar 方法搜索得到 3 个长度为 200 的二进制码字,然后分别使用这三个码字对同一场景进行拍摄,得到三幅模糊的编码曝光图像,如图 3.7 中第一行至第三行左边 3 幅图像所示,从上至下分别是使用本书码字、MLSG 码字以及 Raskar 码字拍摄得到的编码曝光模糊图像。同样使用直接的矩阵逆运算来获取复原图像,图 3.7 中第一行至第三行右边的 3 幅图像是对应的复原结果。很明显地可以看出来,使用本书码字拍摄得到的编码曝光图像其复原图像噪声最小,视觉效果也最为清晰。图 3.7 中最后一行的 3 幅图像分别是图中第一行至第三行中的复原图像矩形框区域的局部放大效果图,从图像细节信息的比较上更一步证实了本书码字的优越性。

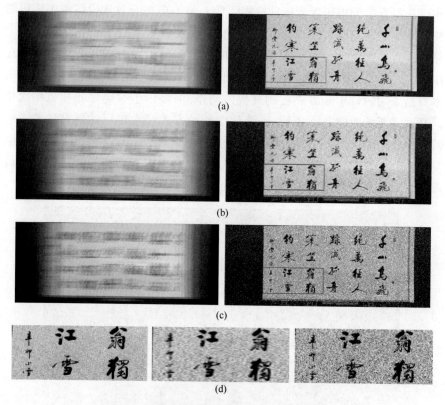

图 3.7　真实编码曝光图像运动模糊复原实验

（a）本书码字拍摄的真实编码曝光图像及复原结果；

（b）MLSG 码字拍摄的真实编码曝光图像及复原结果；

（c）Raskar 码字拍摄的真实编码曝光图像及复原结果；

（d）三种方法复原图像的局部放大效果。

3.4　小　　结

本章同时从提高编码曝光最优码字搜索的效率和质量两个方面研究了编码曝光最优码字的搜索问题。将低互相关度的勒让德序列引入到编码曝光技术中,充分利用了勒让德序列可以由公式快速计算得到的优势,解决了基于随机搜索的方法运行时间随着码字长度呈指数级增长的问题,大大提高了编码曝光最优码字的搜索速度,适合搜索长度较大的码字。本章通过对勒让德序列进行简单的旋转和延拓操作后大幅度提高了原始勒让德序列的性能,得到改进勒让德序列。进一步将改进勒让德序列作为遗传算法的初始种群进行全局优化搜索,得到最终的结果。通过仿真和真实实验结果可以看出,通过本书方法搜索得到的码字,在用于编码曝光成像时,大幅度地提高了复原图像的质量。

第 4 章
CCD 噪声条件下编码曝光最优码字搜索方法

计算摄影方法一般都包含对图像获取过程的编码操作,以及对所获取的编码图像的解码重建过程,通过解码重建过程来获取最终想要得到的图像。然而,解码的过程很容易放大图像获取过程中掺杂进来的噪声信号。所以,在将计算摄影用于实践的过程中,必须考量其计算编码过程带来的优势能否超过解码过程对噪声放大带来的劣势[106],即计算摄影能否真正带来最终所获取的图像信噪比的增益。编码曝光作为计算摄影领域的一种典型应用,同样也存在着这样的问题。

编码曝光模式下 CCD 传感器噪声比较严重,从实用化的角度出发,在寻找最优码字时需要充分考虑传感器噪声的影响。已有的最优码字搜索方法多是考虑读出噪声[15,68],却忽视了光子噪声对于复原图像质量的影响。对于现代的传感器系统来讲,即使在低光照条件下,光子噪声依然是传感器噪声组成的重要成分[107]。本章内容以提高复原图像的信噪比为目的,首先基于仿射噪声模型系统分析了编码曝光相机的传感器噪声成分;其次给出了光子噪声条件下最优码字和复原图像信噪比增益关系的解析表达式,并对真实的编码曝光相机进行了噪声标定;针对已有的码字搜索方法多采用近似穷极搜索,时间效率低的缺点,本章最后提出了光子噪声条件下寻找最优码字的适应度函数,并采用遗传算法搜索编码曝光相机的最优码字。

4.1　CCD 传感器噪声分析

CCD 图像传感器是图像采集系统的核心部件,它在相机曝光期间负责收集拍摄场景反射的光信号,并将其转换成电信号,完成光/电转换过程[108],如图 4.1 所示。CCD 传感器收集被拍摄场景反射的光子的过程经常被形象比作雨天院子里许多整齐排列的相同大小的水桶收集雨点的过程[109]。理想情况下,CCD 传感器测量到的像素值是一个确定的值,也就是说对于同一个信号(假设为恒定光源),在相同时间间隔内 CCD 传感器收集到的光生电荷数应该是一样的。然而,由于噪声的影响,使得 CCD 传感器在收集光生电荷数时存在不确定性。

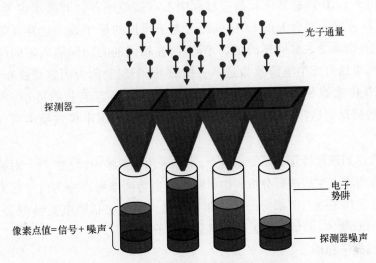

图 4.1　图像传感器光电转化示意图

图 4.2 描述了 CCD 数码相机成像的基本流程:在曝光时间 t 内,CCD 传感器单元收集场景中的光子通量并生成相应的光生电荷;由于光生电荷信号非常微弱,要将其转移到相机里的放大器单元进行放大处理,每个 CCD 单元收集到的电信号都会获得同样幅度的放大;经过放大的模拟电信号通过一个专门的模数转换芯片进行处理就得到了输出的数字图像信号。CCD 相机成像过程中会受到一系列噪声的影响,影响 CCD 相机数字成像的噪声主要有五类:固定模式噪声、暗电流噪声、光子噪声、放大器读出噪声以及模数转换过程中形成的 ADC 噪声。

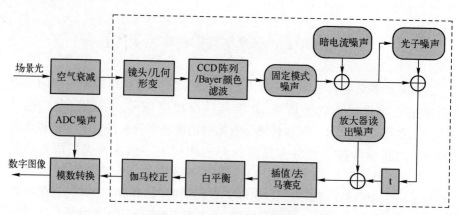

图 4.2　CCD 相机成像流程

由于 CCD 传感器单元制造过程中不可避免地存在着微小误差,同一个 CCD 传感器面板上的 CCD 单元对光子通量的量子效率也存在着微小的误差,也就是说对同样的场景光输入,在相同的时间间隔内不同的 CCD 单元收集到的光生电荷数却是不一样的,这个现象称为固定模式噪声,是由 CCD 传感器制造工艺决定的。随着传感器制造工艺的进步,当前的 CCD 传感器制造精度已经非常之高,一般情况下,固定模式噪声可以忽略不计[110]。

考虑到现代传感器系统的特点,本书采用仿射噪声模型[110-112]对编码曝光图像的噪声组成进行分析。仿射噪声模型将图像噪声分为信号相关噪声和信号非相关噪声两部分。信号非相关噪声主要包括暗电流噪声、读出噪声和 ADC 噪声,而信号相关噪声则是指光子噪声。

1. 光子噪声

光子噪声,也常称作短噪声或者泊松噪声,是图像传感器在测量光的过程中产生的测量不确定性的基本表现形式,是由光的量子特性决定的,和图像传感器无关。光子噪声是信号相关的量,是图像噪声的主要来源之一。CCD 传感器通过产生光生电荷完成从光信号到电信号的转换,其测量值随入射到 CCD 传感器阵列每一测量(像素)位置的光子数量而发生随机波动。由于光的量子特性,即使对于理想情况下的恒定环境光,光子通量也是一个随机变量,而光电转化过程本身也是一个随机过程。一般地,CCD 成像单元收集的光生电荷数 $n_{\text{electr}}^{\text{photo}}$ 服从泊松分布[113]。因为 $n_{\text{electr}}^{\text{photo}}$ 服从泊松分布,则 $n_{\text{electr}}^{\text{photo}}$ 的方差:

$$\mathrm{VAR}(n_{\mathrm{electr}}^{\mathrm{photo}}) = \varepsilon(n_{\mathrm{electr}}^{\mathrm{photo}}) \tag{4.1}$$

式中,ε 为随机变量的期望。$\varepsilon(n_{\mathrm{electr}}^{\mathrm{photo}})$ 的值一般是在恒定光源条件下通过 CCD 单元对固定拍摄场景的多次测量然后求平均得到。式(4.1)中的方差就是光子噪声的方差,它随着信号 $n_{\mathrm{electr}}^{\mathrm{photo}}$ 线性增长。光生电荷数和图像的像素值 I 是成正比的:

$$I = \frac{n_{\mathrm{electr}}^{\mathrm{photo}}}{Q_{\mathrm{electr}}} \tag{4.2}$$

这里 Q_{electr} 代表改变一个单位灰度级所需要的光生电荷数,一般情况下 $Q_{\mathrm{electr}} \gg 1$。结合式(4.1)和式(4.2)可以得到以图像灰度值强度为单位的光子噪声方差:

$$\varepsilon(n_{\mathrm{electr}}^{\mathrm{photo}})/Q_{\mathrm{electr}}^2 = I/Q_{\mathrm{electr}} \tag{4.3}$$

2. 暗电流噪声

CCD 传感器内部由于热激励会产生自由电荷,和光生电荷无法区分被作为正常电荷输出而产生暗电流。即使在完全无光照的环境下,暗电流依然存在。所有的 CCD 传感器都会受到暗电流噪声的影响,它的存在限制了器件的灵敏度和动态范围。由于热运动产生的暗电流噪声的大小与温度的关系极为密切,温度每增加 $5\sim6℃$,暗电流将增加到原来的 2 倍[114]。由于暗电流噪声主要是由 CCD 传感器温度过高引起,因此在应用于实践时相机制造商通常会增加对 CCD 传感器的冷却处理措施,以减少由 CCD 传感器发热引起的暗电流噪声。一般地,暗电流噪声的期望可以表征为

$$\varepsilon(n_{\mathrm{electr}}^{\mathrm{dark}}) = Dt \tag{4.4}$$

式中:D 为传感器暗电流系数;t 为图像获取时间。暗电流噪声也服从泊松分布,其方差等于期望。以图像灰度值强度为单位,暗电流噪声方差为 Dt/Q_{electr}^2。

3. 附加噪声

附件噪声主要包括放大器读出噪声和模/数转换噪声。放大器读出噪声主要来自于 CCD 传感器芯片的预放大电路,预放大电路在对真实电信号进行放大的同时不可避免地也放大了噪声信号。模/数转换噪声顾名思义就是 CCD 芯片生成的模拟电信号在经过放大后,数字化输出过程中产生的量化噪声。放大器读出噪声和模/数转换噪声都是信号非相关噪声,仅与相机系统的电子器件的电路有关。附件噪声的方法可以表示为

$$\sigma_a^2 = \sigma_{\mathrm{read}}^2 + \sigma_{\mathrm{ADC}}^2 \tag{4.5}$$

其中:σ_{read}^2为放大器读出噪声方差;σ_{ADC}^2为模/数转换噪声方差。

光子噪声、暗电流噪声和附件噪声是相互独立的随机变量,那么输出图像总的噪声方差可以表示为

$$\sigma_I^2 = \kappa_{\text{gray}}^2 + I/Q_{\text{electr}} \qquad (4.6)$$

式中

$$\kappa_{\text{gray}}^2 = Dt/Q_{\text{electr}}^2 + \sigma_a^2 \qquad (4.7)$$

表示信号非相关噪声。

暗电流噪声在需要长时间曝光的图像中是一种重要的噪声成分,如天文学摄影。在曝光时间低于1s的应用中一般忽略不计[106],所以本书将信号非相关噪声 κ_{gray}^2 看作是和曝光时间无关的一个常量。

对于编码曝光图像成像过程,码字中每个码元所对应的快门开启或关闭时间是相等的,则对于特定长度的码字,式(4.6)可以写成

$$\sigma_I^2 = \kappa_{\text{gray}}^2 + C\eta^2 \qquad (4.8)$$

式中:η^2 为单个码元"1"对应的快门开启状态下传感器光子噪声方差;C 为码字中"1"的个数。

4.2 光子噪声条件下最优码字获取

▶ 4.2.1 无光子噪声条件下最优码字获取

Raskar 等提出了两条搜索编码曝光最优码字的准则:①最大最小准则,即使得码字傅里叶变换频谱幅度的最小值最大;②方差最小准则,即使得码字傅里叶变换频谱的方差最小。基于这两条准则,Raskar 等通过随机线性搜索给出了一个近似最优的码字(以下简称"Raskar 码字"),该码字中"1"和"0"的比例各占50%。下面本书将通过理论分析指出这种码字只有在不考虑光子噪声的条件下才能达到最优,即在只考虑信号非相关噪声的条件下,最优码字中"1"和"0"的比例才会各占50%。

对于水平方向上的匀速直线运动,图像运动模糊可以表示为向量乘积的形式:

$$g = Hf + n \qquad (4.9)$$

式中:H 为模糊矩阵,为一维的循环矩阵;g、f 和 n 分别为表示模糊图像、清晰图像以及图像噪声的列向量。假设从模糊图像 g 重建得到的复原图像为

$\hat{f}$,则$\hat{f}$的协方差矩阵可以表示为

$$\Sigma = E\{[\hat{f}-\varepsilon(\hat{f})][\hat{f}-\varepsilon(\hat{f})]^{\mathrm{T}}\} = \sigma_I^2 (H^{\mathrm{T}}H)^{-1} \qquad (4.10)$$

由上式,复原图像$\hat{f}$的均方误差(Mean Square Error, MSE)可以表示为

$$\mathrm{MSE} = \frac{1}{n}\mathrm{Trace}(\Sigma) = \frac{\sigma_I^2}{n}\mathrm{Trace}[(H^{\mathrm{T}}H)^{-1}] \qquad (4.11)$$

式中:$\mathrm{Trace}(\cdot)$为求取矩阵的迹;n为图像的水平宽度。

在图像模糊复原领域,经常用 MSE 来衡量重建图像的质量, MSE 越小则复原图像的质量越好。对于特定长度的码字,在不考虑光子噪声的情况下,由式(4.8)可知,图像噪声方差σ_I^2为一常量,则最小化式(4.11)等价于最小化$\mathrm{Trace}[(H^{\mathrm{T}}H)^{-1}]$。Ratner 等在研究多路光照技术时给出了此类问题的解析表达式[113], Cossaint 指出其同样适用于编码曝光技术[106]

$$T_{\min}(C) = \min\{\mathrm{Trace}[(H^{\mathrm{T}}H)^{-1}]\}$$
$$= \frac{(N-C)+C(N-1)^2}{(N-C)C^2} \qquad (4.12)$$

式中:N为码字长度;C为码字中"1"的个数。对于给定长度的码字,为求出使复原图像的 MSE 最小的最优码字中"1"的个数,式(4.12)对C求导,得到

$$\frac{\partial T_{\min}}{\partial C} = -\frac{2}{C^3} - \frac{(N-2C)(N-1)^2}{(NC-C^2)^2} \qquad (4.13)$$

使式(4.13)等于零,则可得到无光子噪声条件下使得码字最优的"1"的个数:

$$C_{\mathrm{opt}}^{\mathrm{free}} = \frac{N^2-2N-3\pm(N-1)\sqrt{(N^2-2N+9)}}{4N-8} \qquad (4.14)$$

因为$C_{\mathrm{opt}}^{\mathrm{free}}$为正整数,经过简单数值分析[113],可得

$$C_{\mathrm{opt}}^{\mathrm{free}} = \left\lceil \frac{N}{2} \right\rceil \qquad (4.15)$$

可见,式(4.15)表达的结论和 Raskar 码字是一致的,最优码字中"1"的个数正好等于码字长度的一半。在不考虑光子噪声的情况下, Raskar 给出的码字结构确实是最优的。但是对于现代传感器系统来说,即使在光照条件比较暗的情况下,光子噪声依然是不可避免的。从实用化的角度考虑,研究光子噪声条件下编码曝光最优码字的选取问题有很大的现实意义。

▶ 4.2.2　光子噪声对最优码字构造的影响

码字构造在本书是指编码曝光最优码字中"1"和"0"的比例。为了方便表达码字中"1"的个数对于复原图像信噪比的影响,本书定义两个基本概念。

定义 1:短曝光图像,编码曝光图像对应的短曝光图像是指曝光时间仅为该编码曝光图像获取时间 $1/N$ 的图像,即码字中单个码元所对应的曝光时间内获取的图像。

定义 2:信噪比增益,信噪比增益定义为编码曝光复原图像信噪比和短曝光复原图像信噪比之比。

可见,信噪比增益可以用来衡量编码曝光复原图像信噪比提高的多少。最优码字应该使得这个信噪比增益最大。编码曝光复原图像的信噪比可以表示为

$$\text{SNR}_{\text{CE}} = \frac{\bar{I}_0 t}{\sqrt{\text{Trace}\left[\left(\boldsymbol{H}^{\text{T}}\boldsymbol{H}\right)^{-1}\right]/n}\sqrt{\kappa_{\text{gray}}^2 + C\eta^2}} \tag{4.16}$$

式中:$\bar{I}_0$ 为相机单位曝光时间获取图像的平均强度;t 为曝光时间;式中的分母部分表示复原图像均方根误差。

由于短曝光图像的曝光时间为 t/C,且此时矩阵 $\boldsymbol{H}$ 为单位矩阵,则短曝光复原图像信噪比可以表示为

$$\text{SNR}_{\text{SE}} = \frac{\bar{I}_0 t/C}{\sqrt{\kappa_{\text{gray}}^2 + \eta^2}} \tag{4.17}$$

结合式(4.16)和式(4.17),可以得到编码曝光复原图像的信噪比增益:

$$Q = \text{SNR}_{\text{CE}}/\text{SNR}_{\text{SE}} = C \cdot \sqrt{\frac{n}{\text{Trace}\left[\left(\boldsymbol{H}^{\text{T}}\boldsymbol{H}\right)^{-1}\right]}} \cdot \sqrt{\frac{1+\chi^2}{1+C\chi^2}} \tag{4.18}$$

其中

$$\chi^2 = \eta^2/\kappa_{\text{gray}}^2 \tag{4.19}$$

称作相机系统特征因子。由于 κ_{gray}^2 是常量,χ^2 实际上反映了光子噪声水平。

本书设定码字长度 $N=52$,采用 Agrawal 提供的的码字搜索程序得到 25 个码字,这些码字中"1"的个数分别从 2 递增到 26。设定图像尺寸 $n=256$,图 4.3 给出了 χ^2 取值为 0、0.045 和 0.225 时信噪比增益的取值情况及曲线拟合结果。从拟合曲线可以看出,当 $\chi^2=0$,即不考虑光子噪声的影响时,

$C \approx 26$ 时取得最优的信噪比增益;而当 $\chi^2 = 0.225$ 时,$C \approx 14$ 时才会取得最优的信噪比增益。可见,在考虑光子噪声的情况下,编码曝光最优码字中"1"的个数不再是码字长度的一半,而要取更小的值,而 Raskar 码字是在不考虑光子噪声条件下的一种特殊情况。

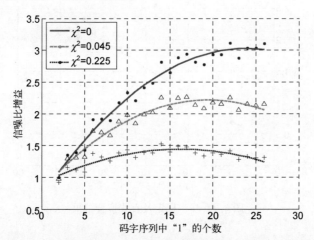

图 4.3　不同光子噪声强度下信噪比增益和码字结构的关系

▶ 4.2.3　编码曝光相机噪声标定

在选择最优码字时需要考虑光子噪声的影响,首先要对编码曝光相机系统进行噪声标定,以得到相机系统特征因子 χ^2 的值。

本书采用文献[109]的 CCD 传感器噪声标定方法。对均匀光照条件下光反射系数基本相同的面板(实验装置如图 3.6 所示),利用上节中得到的 25 个码字拍摄到 25 组大小为 $m \times n$ 的 RAW 格式的编码曝光图像,每组包含 2 幅图像,分别标记为 $I_1(x, y, C)$ 和 $I_2(x, y, C)$,这里 x、y 为图像中的像素坐标,C 为拍摄该组图像时使用的码字中"1"的个数,令

$$I_\Delta(x, y, C) = I_1(x, y, C) - I_2(x, y, C) \tag{4.20}$$

由 $I_1(x, y, C)$ 和 $I_2(x, y, C)$ 相互独立可知,$I_\Delta(x, y, C)$ 的方差为 $2\sigma_I^2$,则每一个码字拍摄的图像方差可以表示为

$$\sigma_I^2(C) = \frac{1}{2(M-1)} \sum_{1 \le x \le m} \sum_{1 \le y \le n} (I_\Delta(x, y, C) - \mu_\Delta(C))^2 \tag{4.21}$$

其中 $\mu_\Delta(C)$ 为 $I_\Delta(x, y, C)$ 的样本均值,$M = m \times n$ 为图像总的像素数。图 4.4 中散点是本书噪声标定的真实数据,直线是利用式(3.18)直线拟合的结果,

通过直线拟合得出 η^2 和 κ_{gray}^2 的估计值分别为 0.0845 和 0.2936,由此得出 $\chi^2 = 0.2878$。

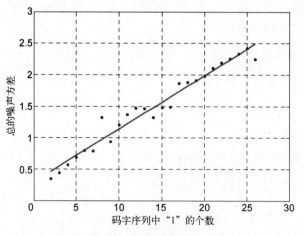

图 4.4　噪声标定及直线拟合结果

4.3　遗传算法适应度函数设计

为提高效率且不以大幅度压缩搜索空间[15,65]为代价,考虑到码字为二进制码的特点,采用遗传算法进行最优码字的搜索。遗传算法是模拟生物在自然环境中的遗传和进化过程而形成的一种自适应全局优化概率搜索算法[115]。它的非遍历搜索机制可以迅速收敛到全局近似最优解,大大提升了搜索算法的效率。

选择合适的适应度函数是遗传算法设计的关键问题。Raskar 最早提出了两条搜索最优码字的准则,即最大-最小准则和方差最小准则。本书在充分考虑光子噪声影响的情况下,把复原图像的信噪比增益作为其中一项重要的准则,以约束码字中"1"的个数。

基于最大-最小准则的方法在全频率空间平等对待码字傅里叶变换能量谱,寻找使能量谱最小值最大的码字为最优。自然图像的能量谱分布并不是均匀的,而是大部分能量集中在低频部分。为了进一步提高复原图像的信噪比,本书算法赋予码字频谱低频部分更大的权重,而赋予高频部分较小的权重[69]。至此,本书定义适应度函数为

$$\text{fitness} = -\omega_1\min(\,|\,\hat{S}(k)\,|\,) + \omega_2\text{var}(\,|\,\hat{S}(k)\,|\,) - \omega_3 Q - \omega_4\text{mean}\left(\frac{|\,\hat{S}(k)\,|}{k+1}\right)$$

$$(4.22)$$

式中：$|\,\hat{S}(k)\,|$ 为码字傅里叶变换频谱；前两项为 Raskar 提出的准则；Q 为信噪比增益；最后一项是为了提升低频部分的优先级。加权系数可以通过线性回归的方法获得，但比较耗时。本书采用实验的方法，首先通过调整加权系数将上面四项调整到一个数量级上，然后针对不同的码字长度，采用遗传算法搜索，将得到的码字频谱和 Raskar 方法得到的码字频谱进行比较，然后不断的微调各项权重的值，确定取值为 $\omega_1 = 3000, \omega_2 = 1000, \omega_3 = 60, \omega_4 = 10000$。

4.4　实验结果与分析

▶ 4.4.1　最优码字搜索

这里初始种群大小设置为 100 个体，为了进一步增加算法收敛速度，设置初始个体中"1"的个数占码字长度的一半。遗传算法是在选择、交叉和变异三种算子的作用下完成的。文中三种算子直接采用 Matlab 工具箱中的算法，初始交叉概率和变异概率分别设置为 80% 和 1%。如果迭代过程中最好个体的适应度值超过 5 代没有发生变化，则将交叉概率和变异概率分别提高 1% 和 0.5%。这里设定的遗传算法最大迭代次数为 50 代。如果算法的迭代次数达到最大迭代次数或者变异概率达到 8.5%，则算法终止。针对需要获取的特定长度的码字，本书重复运行 10 次遗传算法程序，然后得到 10 个候选的最优码字，从这 10 个候选结果中选择最优的作为最终的码字，并且输出平均运行时间。本书选取的 $N = 52$ 最优码字为

1000000010000001000000110000000110100110001000000001

图 4.5(a) 为本书遗传算法适应度值收敛过程，图 4.5(b) 为本书码字和 Raskar 码字傅里叶变换频谱对数幅值曲线对比结果。从曲线对比结果中可以看出，使用本书方法得到的码字其傅里叶变换频谱曲线幅值平均水平更高，最小值也更大。由于遗传算法的全局搜索能力，使得本书算法在运算效率上也更高。虽然这里设定的遗传算法最大迭代周期为 50 代，事实上几乎每次都在 35 代之内完成收敛。

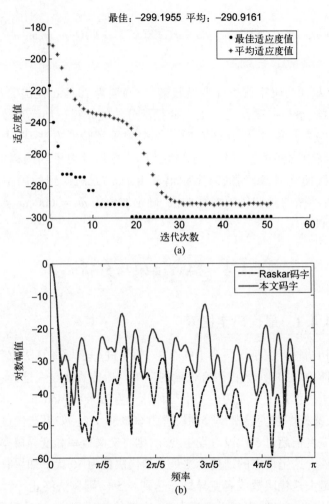

图 4.5　最优码字搜索过程及码字傅里叶变换频谱曲线对比

（a）遗传算法搜索过程；（b）两种码字傅里叶频谱对数幅值曲线。

　　表 4.1 给出了几种方法的平均计算时间,虽然 Raskar 方法和 McCloskey 方法为了提高搜索效率人为大幅度地降低了搜索空间,本书方法的全局搜索效率依然是远远高于其他两种方法的。

表 4.1　几种方法运算时间对比

	本 书 方 法	Raskar 方法	McCloskey 方法
运算时间/s	2.932	79.662	93.583

4.4.2　仿真编码曝光图像复原实验

这里采用 Amit Agrawal 等提供的另一组高速视频图像序列"Moving ISO Resolution Chart"[116]来仿真合成编码曝光图像。"Moving ISO Resolution Chart"高速视频帧序列是采用帧率为 1000 帧/s 的高速摄像机拍摄一个匀速运动的物体而得到。经过 Amit Agrarwal 等人的手动标定,得出每帧图像中物体移动 0.2769 像素。这里用高速视频帧仿真编码曝光图像的方法同样为:在码字中码元为"1"的位置加入对应位置的特定数量的连续视频帧,然后求取平均得到一幅编码曝光图像。例如,对于上节中的本书码字,如果对码字中的每个"1"加入两幅连续高速视频帧(如码字中第一个"1"对应图像序列第 1 帧、第 2 帧,第二个"1"对应图像序列第 15 帧、第 16 帧,以此类推),则生成一幅模糊尺度为 29 个像素的编码曝光图像,如图 4.6(a)所示。同理,书中采用 Raskar 码字生成图 4.6(b)所示的编码曝光图像。图 4.6(c)为仿真的具有相同模糊尺度的由普通相机拍摄的运动模糊图像。图 4.6(d)为基于本书码字得到的复原结果,图 4.6(e)为基于 Raskar 码字的复原结果。图 4.6(f)为应用 QiShan 的图像盲复原方法对图 4.6(c)的复原结果。图 4.6(g)~(i)分别是图 4.6(d)~(f)对应的局部放大图像。可以看出,采用本书码字得到的编码曝光图像其复原图像在视觉质量上得到较大的提升,明显地降低了噪声水平,而图 4.6(e)的复原结果有较为明显的噪声影响。QiShan 方法是目前公认的最优秀的图像盲复原方法之一,但用于模糊尺度较大的运动模糊图像复原时依然会产生比较严重的振铃效应,且由于其反卷积过程使用了循环迭代的方法,运行效率相对较低。QiShan 方法的复原结果如图 4.6(f)所示。视觉质量上,图 4.6(d)和图 4.6(e)都要优于图 4.6(f),这也说明了编码曝光技术更加适用于大尺度的运动模糊图像复原。

表 4.2 列出了三种方法下复原图像信噪比和运行时间,编码曝光图像复原可以采用直接矩阵逆运算的方法,速度很快,故表 4.2 中前两种方法运行时间主要是码字搜索时间。从表 4.2 中可以看出,本书方法取得了理想的复原图像信噪比的提高,且由于应用了遗传算法进行最优搜索,算法运行效率得到了很大的提升。

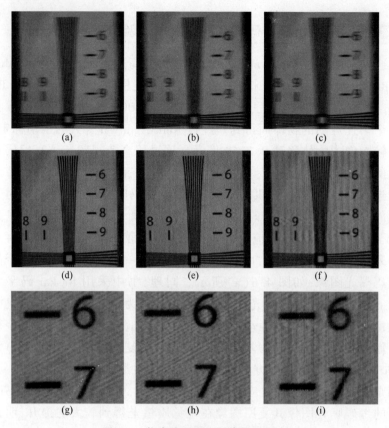

图 4.6　仿真编码曝光图像复原实验

表 4.2　仿真实验信噪比及时间效率对比

	本 书 方 法	Raskar 方法	QiShan 方法
运行时间/s	12.532	54.8368	56
信噪比/dB	22.8019	20.6819	18.7087

▶ 4.4.3　真实编码曝光图像复原实验

这里仍然采用 PointGrey 公司的 Flea2 相机作为该部分真实实验的编码曝光相机,该相机电子快门支持分次曝光脉冲宽度模式,可以编程实现编码曝光功能。Flea2 相机支持软件触发方式,但为了提高触发信号的时间精度,本书使用 Arduino Duemilanove 系列微控制器为 Flea2 相机提供外部触发信号以完成编码曝光过程。

　　本部分共有两组实验,在两组实验中,分别改变了拍摄环境的光照强度,在考虑光子噪声的条件下使用本书方法寻找最优的二进制码字。分别使用本书码字和不考虑光子噪声条件的 Raskar 码字进行编码曝光成像,然后进行运动模糊图像复原,并对复原图像的质量进行对比分析。第一组实验的实验装置如图 4.7 所示,拍摄目标为一个可以控制速度的玩具火车模型。在该组实验的光照环境下,通过对 Flea2 相机进行标定,得到系统特征因子 χ^2 为 0.1387。为了方便和 Raskar 提供的码字进行比较,也使用本书方法搜索长度同样为 52 的码字,得到的结果为

$$1010000000001011000100100100000100000010000010000001$$

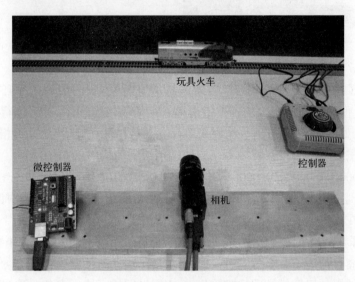

图 4.7　第一组实验装置

　　基于 Flea2 编码曝光相机,分别使用该码字和 Raskar 码字对作匀速直线运动的玩具火车进行拍摄,得到 2 幅真实编码曝光运动模糊图像,分别如图 4.8(a)、图 4.8(b)所示。图 4.8(c)、图 4.8(d)为使用本书码字和 Raskar 码字的复原结果。可以明显地看出,使用本书码字拍摄得到的编码曝光图像其复原图像的反卷积噪声更小,复原图像更加清晰。图 4.8(e)是使用 Flea2 相机拍摄的火车静止状态下的清晰图像,图 4.8(f)从上到下分别是图 4.8(c)~(e)的局部放大图像,通过局部对比也可以看出,和 Raskar 码字相比,使用本书码字作为编码曝光相机的码字得到的复原图像反卷积噪声明显降低,图像也更加清晰。

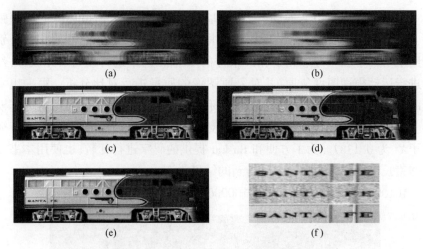

(a)　　　　　　　　　　　　　(b)

(c)　　　　　　　　　　　　　(d)

(e)　　　　　　　　　　　　　(f)

图 4.8　第一组真实编码曝光图像复原实验

为了进一步说明本书码字搜索方法的有效性,我们改变光照环境和拍摄目标,使用相同的实验装置拍摄了第二组编码曝光图像,然后进行图像复原实验,如图 4.9(e)所示。在该光照环境下对相机进行标定,得到相机系统特征因子 χ^2 为 0.2878,使用本书方法搜索得到的长度为 52 码字为

1000000010000001100000011000000001101001100010000000001

分别采用该码字以及 Raskar 码字拍摄了两幅真实编码曝光图像,图像中物体在相机焦平面内做匀速直线运动。图 4.9(a)为使用本书码字拍摄的图像,图 4.9(b)为使用 Raskar 码字拍摄的图像。经手动标定,图 4.9(a)中物体模糊尺度为 108 个像素,图 4.9(b)中物体模糊尺度为 106 个像素。两种码字拍摄的运动模糊图像都采用 Raskar 提供的直接反卷积方法进行图像复原。由于 Raskar 码字将"1"的个数固定为码字长度的一半,没有考虑场景光强,即没有考虑光子噪声的影响,复原图像的信噪比难以达到理想的水平。本书码字在噪声标定的基础上通过遗传算法优化搜索得到,充分考虑了光子噪声的影响,更加符合实际应用情况,复原图像信噪比能够得到有效提高。本书码字和 Raskar 码字复原结果分别如图 4.9(c)和图 4.9(d)所示。图 4.9(f)从上至下分别为图 4.9(c)、图 4.9(d)以及静止拍摄的图像局部放大图。从视觉质量上,可以比较明显地看出,使用本书码字拍摄的图像复原结果噪声更少,图像也更清晰。

表 4.3 列出了本书码字和 Raskar 码字得到的复原图像信噪比,基于本书码字获得的复原图像信噪比得到了有效的改善。

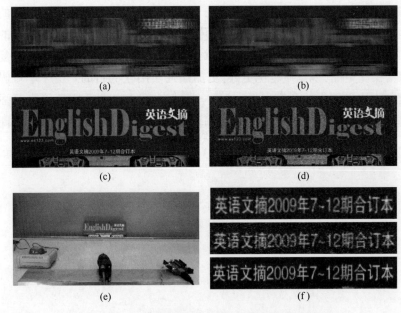

图 4.9 第二组真实编码曝光图像复原实验及实验环境

(a) 本书码字模糊图像；(b) Raskar 码字模糊图像；

(c) 本书码字复原图像；(d) Raskar 码字原图图像；

(e) 实验装置；(f) 局部放大效果图。

表 4.3 真实图像复原结果信噪比对比

	本 书 方 法	Raskar 方法
信噪比/dB	14.5907	11.1881

4.5 小 结

本章研究了考虑 CCD 传感器噪声条件下编码曝光相机的最优码字搜索问题。首先对 CCD 传感器成像过程中的噪声成分进行了比较完整的分析，并基于仿射噪声模型着重分析了光子噪声对于编码曝光相机最优码字构造的影响。文中指出在考虑光子噪声的条件下，编码曝光最优码字中"1"的个数不再是整个序列长度的一半，并以使得复原图像信噪比增益最大为目标，给出了光子噪声和最优码字中"1"的个数关系的解析表达式。本章通过对实际的编码曝光相机进行了噪声标定，得到了反映光子噪声水平的相机系统特征因子。在此基础上,本章提出了 CCD 噪声条件下搜索最优码字的准则并构造出适应度函数,最后采用遗传算法进行全局优化搜索。最后的仿真和真实图像实验都验证了使用本章方法搜索编码曝光最优码字,其复原图像信噪比更高,视觉质量也更好,更加贴近实用化的目的。由于本章码字搜索方法从实用化的角度出发,其码字搜索结果会自动适应环境光照强度变化,因此本章提出的方法对推动编码曝光技术的实用化有一定的现实意义。

第 5 章
基于单幅编码曝光图像的运动模糊尺度估计方法

编码曝光技术通过控制相机曝光期间的快门状态有效地保留了图像中的高频信息,使得传统病态的运动模糊图像复原问题变成良态问题,从而提高了运动模糊图像复原的质量。由于编码曝光模糊图像的点扩展函数傅里叶变换频谱中不含零点,所以对于编码曝光模糊图像的复原可以采用快速的直接反卷积方法进行,计算效率很高。虽然编码曝光技术在运动模糊图像复原中具有诸多优势,其图像复原过程仍然需要首先精确地估计出点扩展函数。有研究表明[69],对于编码曝光模糊图像复原来说,如果其点扩展函数估计误差超过±5%,则基于编码曝光技术的图像复原质量将不如使用普通相机时模糊图像的复原质量。因此来说,编码曝光模糊图像复原对于点扩展函数的估计精度要求更高。

编码曝光技术最早提出被用于作匀速直线运动物体的模糊图像复原[15]。物体的运动都有一定的惯性,又由于单幅图像的曝光时间一般较短,在短暂的曝光时间内物体的运动方向和速度可近似认为不变,所以,一般可把运动产生的模糊近似作匀速直线运动处理。不失一般性,本章面向的也是匀速直线运动模糊图像的运动参数估计问题。对于在水平方向上作匀速直线运动的物体来说,其编码曝光模糊图像的点扩展函数由控制编码曝光相机快门状态的二进制码字和物体的模糊尺度共同决定。编码曝光的码字在拍摄前已经被设定好,因此,如何有效地估计编码曝光模糊图像中运动物体的模糊尺度是编码曝光模糊图像复原必须首先要解决的问题。

Raskar 等首先提出编码曝光技术,并使用人工标定的方法来手动地估计编码曝光图像模糊尺度,但是指出目前亟需一种编码曝光图像模糊尺度的自动估计方法[15]。随后,Agrawal 和 Xu 基于 Alpha 抠图的思想从运动物体模糊边缘处提取编码曝光图像运动信息[65]。基于 Alpha 抠图方法的前提条件一般要求图像前景和背景对比度强烈,这个条件对很多应用来说太过严格。另外,Agrawal 和 Xu 为了能够迎合 Alpha 抠图方法,牺牲了部分编码曝光技术具有良好可逆性这一独特优势,在运动信息易估计性和编码曝光可逆性之间选取了一个折中方案。Tai 等基于运动模糊投影模型提出了一种编码曝光图像运动信息估计方法[79]。然而,这种方法同样也需要一些人工的参与,而且要求使用者具有一定的专业图像处理知识,是一种半自动的运动参数估计方法。McCloskey 提出一种和编码曝光技术极其类似的编码闪光技术,并且同样使用人工标定的方法求取图像的模糊尺度,但也指出正在研究如何自动提取运动模糊信息的方法[117]。本章基于编码曝光图像的自然统计信息,提出了一种编码曝光图像模糊尺度的自动估计方法。首先分析了图像的能量谱统计分布,发现运动模糊图像的模糊尺度和图像的能量谱统计在最小二乘的意义下存在着直接的联系:只有使用正确的模糊尺度计算出来的点扩展函数在用于图像反卷积运算时,得到的复原图像其能量谱统计信息使用多项式拟合时残差平方和(Residual Sums of Squares, RSS)最小。给定一个初始的模糊尺度,使用迭代寻优的方法,基于快速的直接反卷积运算将很快找到编码曝光模糊图像正确的模糊尺度。仿真和真实的编码曝光模糊图像复原实验同时证实了本章算法的有效性。

5.1　运动模糊图像频谱分析

在曝光期间当相机与被拍摄目标之间存在相对运动时,获得的图像就会产生运动模糊。可以采用短曝光的方式来减少或者避免图像运动模糊,但这种方式必须在强光照的环境下进行,所以应用很受限制,并且通过短曝光方式得到的图像噪声一般较大,同样影响图像的质量。针对在曝光期间由于相机和被拍摄目标存在相对运动而产生的运动模糊的情况,目前主流的处理方式依然是进行事后的模糊图像复原。模糊图像复原就是通过一定的方法尽量从模糊图像中恢复出图像的本来面貌。图像运动模糊可以建模为清晰图像和模糊核的线性卷积过程,模糊核也称作点扩展函数。非盲图像复原的一般步骤是:①估计模糊图像的点扩展函数;②使用反卷积方法进行图像复原,如经典的 R–L 滤波和维纳滤波等。因此,精确的估计点扩展函数是非盲图像复原的首要条件。

对于水平方向上的匀速直线运动来说,其点扩展函数为一维函数,图像的运动模糊过程可以表示为清晰图像和点扩展函数的卷积过程:

$$g(x,y) = f(x,y) \otimes h(x) + n(x,y) \tag{5.1}$$

式中:$g(x,y)$、$f(x,y)$ 和 $h(x)$ 分别为模糊图像、清晰图像和点扩展函数;$\otimes$ 为卷积算子;$n(x,y)$ 为图像获取过程中的加性噪声。从模糊图像 $g(x,y)$ 中恢复出清晰图像 $f(x,y)$ 的过程称为图像反卷积技术,而其中估计点扩展函数 $h(x)$ 是进行图像反卷积的必要前提。

使用卷积定理,对式(5.1)两边作傅里叶变换,则可得到

$$G(u,v) = F(u,v)H(u) + N(u,v) \tag{5.2}$$

其中,$G(u,v)$、$F(u,v)$、$H(u)$ 和 $N(u,v)$ 分别为模糊图像、清晰图像、点扩展函数以及图像噪声的傅里叶变换。

如果忽略噪声的影响,则由式(5.2)可知,各项傅里叶变换幅度谱的关系为

$$|G| = |FH| = |F||H| \tag{5.3}$$

倒频谱方法[74,75,118,119]是当前最流行的用于匀速直线运动模糊图像运动信息(模糊尺度和方向)估计的方法。倒频谱方法的核心思想是通过检测模糊图像傅里叶变换幅度谱或者能量谱中的零模式来推导出图像的模糊尺度和方向[72]。对由普通相机拍摄的匀速直线运动模糊图像来说,其点扩展函数可以表示为

$$h(x) = \frac{1}{L} \delta(L) \tag{5.4}$$

其中 L 为模糊尺度,L 表示从 x 轴出发的长度为 L 的线段。因此,该点扩展函数的傅里叶变换 $H(u)$ 为 sinc 函数:

$$H(u) = \frac{\sin(\pi\omega L)}{\pi\omega L} = \mathrm{sinc}(\pi\omega L) \tag{5.5}$$

由 sinc 函数的性质可知,$H(u)$ 将在 $\left\{\omega = \dfrac{k}{L}, k = 0, \pm 1, \pm 2, \cdots\right\}$ 处取值为零。如果忽略噪声的影响,由式(5.2)可知,$H(u)$ 的这一周期性质将保留在模糊图像的傅里叶变换 $G(u,v)$ 中,如图 5.1(d)所示,出现了等间距的明暗

相间的条纹。倒频谱方法正是通过对这种明暗条纹所代表的零模式进行有效的检测而估计出模糊图像的模糊尺度。模糊图像 $g(x,y)$ 的倒频谱定义为

$$C[g(x,y)] = FT^{-1}[\log(\,|\,G(u,v)\,|\,)] \tag{5.6}$$

式中:$C(\cdot)$ 为求倒谱运算;$FT^{-1}(\cdot)$ 为傅里叶逆变换。

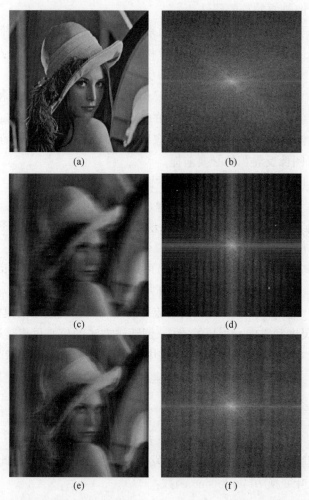

图 5.1 清晰图像、普通模糊图像以及编码曝光模糊图像及其傅里叶频谱

(a) 清晰图像;(b) 清晰图像频谱;(c) 普通模糊图像;(d) 普通模糊图像频谱;

(e) 编码曝光模糊图像;(f) 编码曝光模糊图像频谱。

将式(5.3)代入式(5.6)可得

$$C[g(x,y)] = FT^{-1}[\log|F(u,v)H(u,v)|]$$

$$= FT^{-1}\left[\,\log\left|F(u,v)\,\right|\,\right] + FT^{-1}\left[\,\log\left|H(u,v)\,\right|\,\right]$$
$$= C\left[\,f(x,y)\,\right] + C\left[\,h(x)\,\right] \tag{5.7}$$

即模糊图像的倒频谱是原始图像的倒频谱和点扩展函数的倒频谱之和。

Biemond 指出 $C[\,h(x)\,] = FT^{-1}[\,\log(\,|H(u)\,|\,)\,]$ 在距离坐标轴原点 $\pm L$ 的位置有负的峰值[120],而点扩展函数倒频谱的这一性质将继续保留在模糊图像的倒频谱之中。因此,在模糊图像倒频谱 $C(g(x,y))$ 中将看到两个最大亮点,如图 5.2(a)所示,这两个最大亮点之间的距离恰好是 $2L$,即模糊长度的 2 倍。许多经典的方法正是基于倒频谱的这一性质来估计出模糊图像的运动参数[75]。

倒频谱方法的本质是寻找模糊图像点扩展函数傅里叶频谱中的零模式。然而,由于编码曝光相机特殊的快门控制是为了刻意地去除模糊图像点扩展函数频谱中的零点,因此编码曝光模糊图像的频谱中不存在等间距的明暗相间的条纹,如图 5.1(f)所示。当然,编码曝光模糊图像的倒频谱图像也无法看到上述的两个最大亮点,如图 5.2(b)所示。因此,倒频谱方法无法用于编码曝光图像的模糊尺度估计。

(a)　　　　　　　　　　　　　　(b)

图 5.2　模糊图像倒频谱
(a)普通运动模糊图像倒频谱;(b)编码曝光模糊图像倒频谱。

5.2　自然图像能量谱统计

▶ 5.2.1　传统能量谱统计模型

Van der Schaaf 和 van Hateren 研究发现,不含运动模糊的清晰自然图像

其能量谱统计服从 $1/\omega$ 指数分布,也称作幂律分布[121]。首先对尺寸为 $M \times N$ 的清晰图像 $f(x,y)$ 作二维离散傅里叶变换,得到

$$F(u,v) = \sum_{x=0}^{M-1} \sum_{y=0}^{N-1} f(x,y) e^{-j2\pi(ux/M+vy/N)} \tag{5.8}$$

其中,频率变量 $u = 0,1,2,\cdots,M-1; v = 0,1,2,\cdots,N-1$。那么其幅度谱定义为

$$|F(u,v)| = \{\text{Real}[F(u,v)]^2 + \text{Imag}[F(u,v)]^2\}^{1/2} \tag{5.9}$$

其中,$\text{Real}(\cdot)$ 和 $\text{Imag}(\cdot)$ 分别表示求取 $F(u,v)$ 的实部和虚部的算子。自然图像的能量谱定义为幅度谱的平方,即

$$\widetilde{F}(u,v) = |F(u,v)|^2$$
$$= \text{Real}[F(u,v)]^2 + \text{Imag}[F(u,v)]^2 \tag{5.10}$$

将自然图像能量谱 $\widetilde{F}(u,v)$ 转换到极坐标下表示为 $\widetilde{F}(\omega,\phi)$,其中 $u = \omega\cos\phi, v = \omega\sin\phi, \omega$ 为极坐标半径,ϕ 为极坐标角度。以每个角度 ϕ 对 $\widetilde{F}(\omega,\phi)$ 取均值,得到自然图像的能量谱统计为

$$S_\omega(\widetilde{F}) = \frac{1}{360} \sum_{\phi=1}^{360} \widetilde{F}(\omega,\phi) \approx \frac{A}{\omega^\gamma}, \quad \omega = 1,2,\cdots,M \tag{5.11}$$

其中,A 和 γ 为常量。在实际运算过程中通常设置 $M = 127$,因为首先自然图像的频谱能量大部分都集中在低频部分,其次更高频率部分的能量谱受噪声影响比较严重。

对式(5.11)两边取对数运算,设 $x = \log(\omega)$,则可以得到下面的线性表示式:

$$\log(S_\omega(\widetilde{F})) = \log(A) - \gamma\log(\omega)$$
$$= \log(A) - \gamma x \tag{5.12}$$

由于 A 和 γ 同为常量,因此式(5.12)为一元一次方程。也就是说,清晰图像的能量谱统计在双对数坐标轴下服从一元线性分布,也称为幂律分布。

我们从 BSD 数据集里随机选取了 5 幅自然图像,如图 5.3 所示。图 5.5 是在双对数坐标轴下显示的图 5.3 中 5 幅自然图像所对应的能量谱统计信息以及基于式(5.12)的直线拟合结果。实际上,5 幅图像的能量谱统计信息是混杂在一起的,为了能在一幅图里面同时清楚地展示 5 幅图像的能量谱统计信息,从第 2 幅自然图像开始,人为使其能量谱统计在图 5.4 中分别下移 2、4、6、8 个对数坐标值。从图 5.4 中的拟合曲线可以看出,自然图像能量谱统计的幂率分布模型是精确的和鲁棒的。

图 5.3　从 BSD 数据集中随机选取的 5 幅自然图像

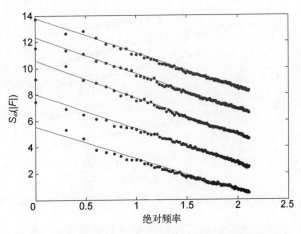

图 5.4　图 5.3 中 5 幅图的能量谱统计及直线拟合结果

5.2.2 线性能量谱统计模型

Ding 等基于上节介绍的自然图像能量谱统计分布的幂律特性提出了一种线性能量谱统计模型,然后通过线性能量谱统计模型去自动估计编码曝光模糊图像的运动模糊信息[122]。线性能量谱统计模型的建模流程为:首先将二维的自然图像能量谱投影到和物体运动方向平行的一条直线 l 上,然后旋转傅里叶坐标系使得 u 轴和直线 l 平行,最后以 v 轴方向进行投影。这个过程和在 v 轴方向实施 Radon 变换[123]的效果是类似的。自然图像的线性能量谱统计信息可以用公式表达为

$$R_u(\widetilde{F}) = \frac{1}{V} \sum_{v=0}^{V} \widetilde{F}(u,v) \tag{5.13}$$

其中,V 代表 v 轴方向上图像的分辨率。$R_u(\widetilde{F})$ 其实表示的是水平方向上的能量谱统计,结合式(5.11),自然图像的线性能量谱统计模型可以近似表示为

$$R_u(\widetilde{F}) = E\left[\frac{1}{V} \sum_{v=0}^{V} \widetilde{F}(u,v) \right] \approx \frac{1}{V} \sum_{v=0}^{V} \frac{A}{(u^2 + v^2)^{\gamma/2}} \tag{5.14}$$

图 5.5 展示了使用式(5.13)对图 5.3 中 5 幅自然图像所作的线性能量谱统计以及使用式(5.14)得到的曲线拟合结果。

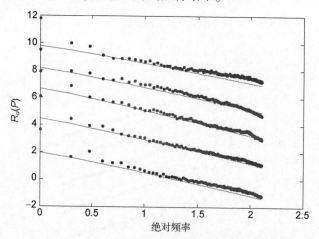

图 5.5 图 5.3 中 5 幅图的线性能量谱统计及对应的拟合结果

若用 $\widetilde{G}$、$\widetilde{H}$ 分别表示模糊图像和点扩展函数的能量谱,则

$$R_u(\widetilde{G}) = \sum_{v=0}^{V} \widetilde{F}(u,v) \widetilde{H}(u) = R_u(\widetilde{F}) \cdot \widetilde{H}(u) \tag{5.15}$$

对式(5.15)两边取对数,则得到

$$\log[R_u(\widetilde{G})] = \log[R_u(\widetilde{F})] + \log(\widetilde{H}) \tag{5.16}$$

由式(5.16)可知,假设从模糊图像 $g(x,y)$ 中复原得到的清晰图像 $f(x,y)$ 是完全无误差的,则式(5.16)应该完全成立,即 $\log(\widetilde{H})$ 与 $\{\log[R_u(\widetilde{G})] - \log[R_u(\widetilde{F})]\}$ 的值越接近,说明图像复原的效果越好,这也是 Ding 等提出的基于线性能量谱统计模型进行编码曝光图像运动模糊参数估计的核心思路。

Ding 等提出的编码曝光图像运动模糊参数估计方法的基本步骤可以概括如下:

(1) 设定一个初始的运动模糊参数 α,基于此参数计算点扩展函数 H^α,然后由 $\widetilde{F}^\alpha = \widetilde{G}/\widetilde{H}^\alpha$ 得到在参数 α 下的清晰图像的能量谱统计 $\widetilde{F}^\alpha$。

(2) 首先使用文献[118]中的 Radon 变换方法估计模糊图像中物体的运动方向,然后旋转坐标轴使得坐标轴的水平轴和运动方向平行。

(3) 使用式(5.12)对能量谱统计 $\widetilde{F}^\alpha$ 进行直线拟合,得到参数 A 和 γ 的值。

(4) 使用式(5.14)计算 $R_u(\widetilde{G})$ 和 $R_u(\widetilde{F})$。

(5) 计算 $\log(\widetilde{H}^\alpha)$ 和 $\log[R_u(\widetilde{G})] - \log[R_u(\widetilde{F}^\alpha)]$ 之间的匹配度 μ。

(6) 若匹配度 μ 达到最大,则当前的运动参数 α 即是正确的参数估计结果;否则改变 α 的值,转向步骤 1 进行迭代运算。

显然,Ding 等提出的方法的关键是式(5.14)中 $R_u(\cdot)$ 算子的精确性,而 $R_u(\cdot)$ 算子的精确性又依赖于通过线性拟合对参数 A 和 γ 进行估计的精确度。所以,线性能量谱统计模型是一种典型的两阶段方法。第二个阶段结果的精确度严重依赖于第一个阶段的参数估计结果;第一个阶段参数估计的微小误差很容易在第二个阶段的运算中被放大,进而影响最终的图像复原结果。

事实上,如果仔细比较图 5.4 和图 5.5 也可以看出,线性能量谱统计模型不如传统的能量谱统计模型精确。图 5.5 把 5 幅图像的线性能量谱统计放在一幅图里从视觉上压缩了建模误差。比如,图 5.6(a)展示了图 5.3 中第一幅图的传统能量谱统计模型拟合结果,而 5.6(b)为其对应的线性能量谱统计模型拟合结果,从两幅图的比较结果可以看出,传统能量谱统计模型是比较精确的,而线性能量谱统计模型存在着不小的建模误差,这种建模误差会直接影响最终的模糊参数估计的准确度。

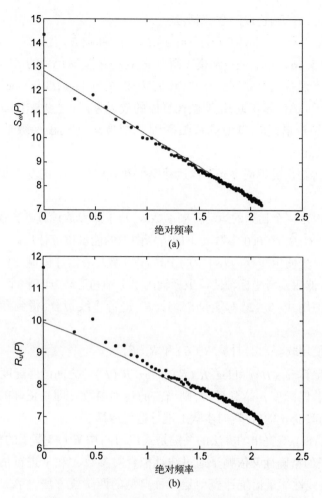

图 5.6　传统能量谱统计模型和线性能量谱统计模型精度对比

（a）传统能量谱统计模型拟合结果；（b）线性能量谱统计模型拟合。

5.3　基于残差平方和最小化的图像模糊尺度自动估计方法

　　与其基于线性能量谱统计模型去估计编码曝光图像的模糊尺度,本章提出一种基于对复原图像能量谱统计信息进行多项式拟合,然后求取残差平方和最小化的模糊尺度自动估计方法。

　　经过对清晰图像和模糊图像的能量谱统计信息的观察,我们发现模糊图像的能量谱统计信息在双对数坐标下呈现一种衰减的"重拖尾"分布,并且数据点更加发散,而且一定程度上满足图像模糊尺度越大,图像能量谱统计数据点发散程度越大,如图 5.7 所示。

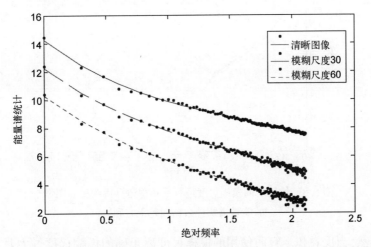

图 5.7　清晰图像和模糊图像的能量谱统计数据点分布及多项式拟合曲线

如果对能量谱统计数据点进行多项式拟合,则在最小二乘的意义下,可以用残差平方和(Residual Sums of Squares,RSS)来很好地诠释数据的发散程度。很显然,对图像能量谱统计数据进行多项式拟合后,残差平方和越小说明图像模糊程度越小,反之越大。假设在双对数坐标下图像能量谱统计信息的数据点分别为$(\omega_1,S_1),(\omega_2,S_2),\cdots,(\omega_n,S_n)$,使用多项式拟合后的数据点分别为$(\omega_1,\hat{S}_1),(\omega_2,\hat{S}_2),\cdots,(\omega_n,\hat{S}_n)$,则残差平方和可以表达为

$$\text{RSS} = \sum_{i=1}^{n} \| S_i - \hat{S}_i \|^2 \tag{5.17}$$

我们仿真了一幅模糊尺度为 52 像素的编码曝光图像,分别使用模糊尺度 40~60 作为输入条件,使用直接反卷积方法,得到 21 幅不同质量的复原图像。对这 21 幅复原图像分别进行能量谱统计,然后进行多项式拟合,求取其残差平方和,结果如图 5.8 所示。从图中可以看出,使用正确的模糊尺度 52 作为反卷积算法的输入条件时得到的复原图像其能量谱统计数据多项式拟合的残差平方和最小。同时可以看到,在反卷积运算时使用的模糊尺度和正确的模糊尺度相差越大,则得到的复原图像的能量谱统计数据的残差平方和越大。

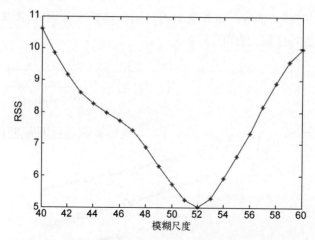

图 5.8　使用不同模糊尺度进行反卷积运算得到复原图像
的能量谱统计数据残差平方和

　　当然,当反卷积运算时使用的模糊尺度离正确的模糊尺度过大时,复原
图像能量谱统计数据的残差平方和会出现波动的过程,但最小值一定对应
于使用正确的模糊尺度得到的复原图像。

　　我们使用同样模糊尺度为 52 的编码曝光图像,然后在反卷积运算时,输
入的模糊尺度分别为 20～80,得到的复原图像的能量谱统计数据多项式拟合
的残差平方和结果如图 5.9 所示。因为输入模糊尺度 20 和正确的模糊尺度
52 相差过远,所以图 5.9 的前半部分出现一定的波动,但最小值依然对应正
确的模糊尺度。

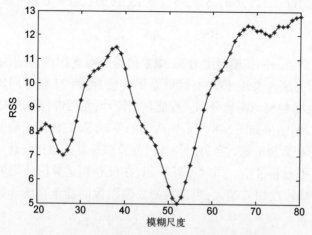

图 5.9　复原图像残差平方和出现波动的情况

经过上面的分析可以发现,假设 α 是估计得到的模糊尺度,那么衡量 α 是否正确的依据就是看使用 α 作为直接反卷积算法的输入条件时,得到的复原图像的能量谱统计数据在进行多项式拟合后残差平方和是否达到最小值。这涉及一个全局搜索的问题。对于任意给定的初始模糊尺度 α_0,经过全局搜索方法自动得到最终正确的模糊尺度值。本章提出的基于图像能量谱统计信息自动估计编码曝光图像模糊尺度的算法流程见表 5.1。

表 5.1　本章编码曝光图像模糊尺度自动估计方法

编码曝光图像模糊尺度自动估计方法
(1) 给定初始模糊尺度 α_0。
(2) 使用直接反卷积方法求取复原图像 $\hat{f}(x,y)$。
(3) 计算复原图像 $\hat{f}(x,y)$ 的能量谱 $\widetilde{F}(u,v)$,并转换到极坐标下表示为 $\widetilde{F}(\omega,\phi)$。
(4) 使用式(5.11)计算复原图像的能量谱统计数据 $S_\omega(\widetilde{F})$。
(5) 对计算出来的能量谱统计数据进行多项式拟合,并求取残差平方和 RSS。
(6) 利用全局最优化搜索算法判定 RSS 值是否达到最优。若是,则算法停止,得到正确的模糊尺度;否则,全局最优化搜索算法给出新的模糊尺度 α,转向步骤(2)继续迭代。

事实上,本章提出的这种模糊尺度自动估计方法是充分利用了编码曝光模糊图像点扩展函数非病态的这一优势。这样一来,编码曝光图像的复原可以使用快速的直接反卷积方法,使得基于优化迭代过程的本章算法的运算速度同样较快。所以,整个算法的运算速度很大程度上取决于表 5.1 中第(2)步所使用的反卷积算法。本章算法也可用于由普通相机拍摄的运动模糊图像模糊尺度的估计,但算法的效率不高。

5.4　实验结果与分析

▶ 5.4.1　仿真图像实验

本部分实验首先使用一幅清晰的自然图像来仿真具有不同模糊尺度的编码曝光图像。这里分别使用二维卷积运算仿真了模糊长度分别为 30、50、100 以及 200 像素的 4 幅编码曝光模糊图像,分别如图 5.10(a) ~ (d)所示。针对每一幅运动模糊图像,分别使用一定长度区间的模糊尺度作为直接反卷积算法的输入条件来获得不同复原质量的图像,然后统计这些复原图像的能量谱统计数据的残差平方和。比如,对于模糊尺度为 30 像素的模糊图像,本书使用模糊尺度 10~60 像素分别作为反卷积算法的输入条件,则可得到 51 幅不同质量的复原图像,这些复原图像能量谱统计数据在多项式拟合下的残差平方和如图 5.11(a)所示,可见在数值 30 处达到最低,就得出图 5.10(a)中的编码曝光图像的模糊尺度为 30 像素,显然这个结果是正确的。对图 5.10(b)~(d)中 3 幅模糊图像同样使用上面描述的过程,得到的能量谱统计数据在多项式拟合意义下的残差平方和分别如图 5.11(b)~(d)所示,残差平方和的最小值都对应于正确的模糊尺度。可见,通过对复原图像能量谱统计数据的残差平方和进行分析,确实能够精确地获得编码曝光图像的模糊尺度。即使当图像的模糊尺度达到 200 像素这种超大尺度模糊时,虽然残差平方和的值波动比较大,但残差平方和的最小值依然对应正确的模糊尺度。从对不同模糊尺度的编码曝光图像的仿真结果来看,本章所提出的模糊尺度自动估计方法是精确的和鲁棒的。

图 5.10　不同模糊尺度的仿真编码曝光模糊图像

(a) 模糊长度 30 像素;(b) 模糊长度 50 像素;

(c) 模糊长度 100 像素;(d) 模糊长度 200 像素。

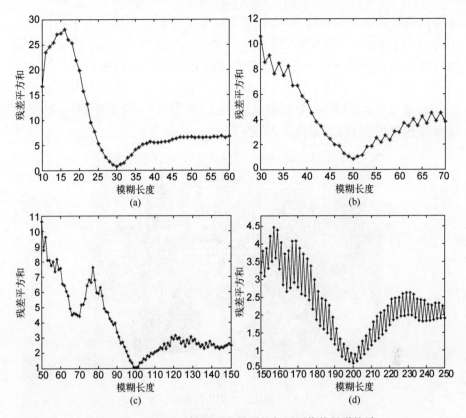

图 5.11　使用不同模糊尺度得到的复原图像能量谱统计
数据多项式拟合残差平方和

▶ 5.4.2　真实图像实验

本部分实验共分三组,目的是通过大量的真实图像实验来验证本章方法的有效性。

在第一组实验中,首先使用由 Raskar 等提供的真实编码曝光模糊图像。Raskar 等通过对普通相机的控制电路进行改进来实现编码曝光功能,他们的实验装置如图 5.12 所示。这里使用 2 幅由 Raskar 等提供的名为"Tomas"和"CabCar"的玩具火车的真实编码曝光模糊图像。Raskar 等使用手动标定的方法,已经给出了这两幅图像对应的模糊尺度,分别为 118 像素和 66 像素,并且经过直接反卷积算法获得了清晰的复原图像,证实了他们的手动标定是正确的。现在使用本章提出的运动模糊尺度自动估计算法去估计出这

2 幅编码曝光图像的模糊尺度,以验证本章方法的有效性。图 5.13(a)为
"Tomas"玩具火车的编码曝光模糊图像,Raskar 经手动标定得出的模糊尺度
为 118 像素,图 5.13(c)为本章算法的运行结果,可以看到残差平方和的最
小值也对应于 118 像素。图 5.13(b)为使用模糊尺度 118 像素作为输入条
件进行反卷积运算得到的复原图像,可见复原图像是非常清晰的,也进一步
验证了模糊尺度 118 像素是正确的。

图 5.12　Raskar 等使用的实验装置

　　图 5.14(a)为"CabCar"编码曝光模糊图像,Raskar 经手动标定得出的模
糊尺度为 66 像素,图 5.14(c)为本章算法的运行结果,可以看到残差平方和
的最小值正好对应 66 像素的坐标位置。图 5.14(b)为使用模糊尺度 66 像
素作为输入条件进行反卷积运算得到的复原图像,可见复原图像同样是比
较清晰的。

　　本部分的第二组实验采用由徐树奎提供的真实编码曝光图像
"Train"[2]。徐树奎采用一个具有编码曝光功能,分辨率为 1600×1200 的
Flea2 相机和两个分辨率为 640×480,帧率为 200 帧/s 的高速相机
Grasshopper 构建了一个混合视觉采集系统。两个 Grasshopper 相机平行固定
于一字形相机托架上构成一个双目相机。双目相机与 Flea2 相机同步工作,
在 Flea2 相机曝光期间,双目相机同步拍摄一组高速立体视频,然后采用运
动测量技术从高速立体视频中估计出由 Flea2 相机拍摄的编码曝光图像的
运动模糊信息。图 5.15(a)为使用混合视觉采集系统拍摄得到的编码曝光

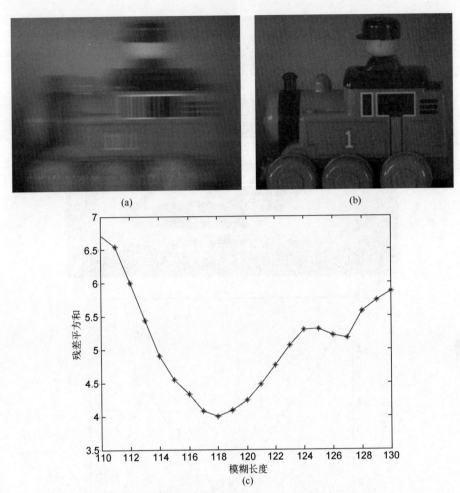

图 5.13　真实编码曝光图像"Tomas"的模糊尺度估计实验

(a) 真实编码曝光模糊图像"Tomas"；(b) 复原图像；

(c) 不同模糊尺度下反卷积图像能量谱统计数据残差平方和。

模糊图像，经过运动测量技术得到的模糊尺度为 108 像素。图 5.15(c)为使用本章提出的模糊尺度估计算法得到的结果，同样为 108 像素。本章方法仅仅从单幅图像中估计出编码曝光模糊图像中物体的模糊尺度，相比文献[2]中的混合视觉采集系统，减少了很多硬件开销，也避免了混合视觉采集系统对多相机精确标定的难题。使用 108 像素作为反卷积算法的输入条件，得到的复原图像如图 5.15(b)所示，该图良好的视觉质量也进一步验证了本章方法的可行性。

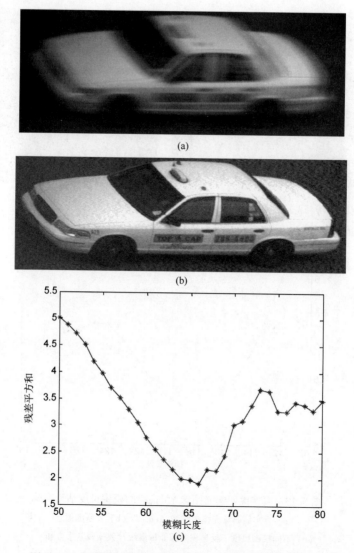

图 5. 14　真实编码曝光图像"CabCar"的模糊尺度估计实验

(a) 真实编码曝光模糊图像"CabCar"；(b) 复原图像；

(c) 不同模糊尺度下反卷积图像能量谱统计数据残差平方和。

　　本部分的第三组实验为使用本书提出的编码曝光实验装置（图 5. 9
(e)）拍摄的真实编码曝光模糊图像，如图 5. 16(a) 所示。针对 5. 16(a) 中的
编码曝光图像，使用本章算法进行运动模糊尺度估计，过程如图 5. 16(b) 所
示，可以得出其运动模糊尺度为 103 像素，将该估计值作为直接反卷积算法

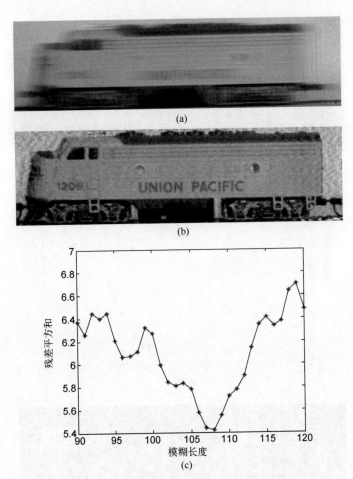

图 5.15　真实编码曝光图像"Train"的模糊尺度估计实验
（a）真实编码曝光模糊图像"Train"；（b）复原图像；
（c）不同模糊尺度下反卷积图像能量谱统计数据残差平方和。

的输入，得到的复原图像如图 5.16（c）所示。图 5.16（c）是比较清晰的，可见估计值 103 像素是正确的。

▶ 5.4.3　实验细节说明

通过上述大量的仿真及真实图像实验，证明了本章提出的基于图像能量谱统计信息分析的编码曝光图像模糊尺度估计方法是精确的和鲁棒的。本章方法在循环过程中使用直接反卷积算法得到的复原图像边缘部分振铃效应比较严重，会影响到图像能量谱信息的统计。因此本书在算法执行过

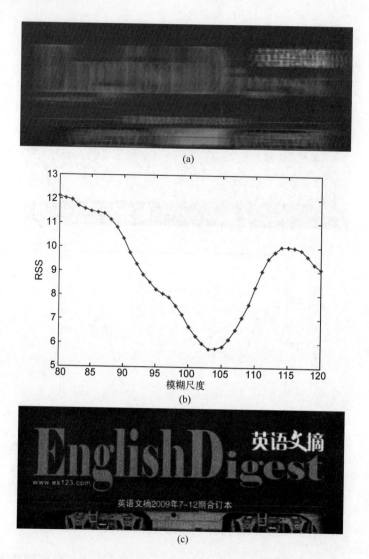

图 5.16　使用本书实验装置拍摄的编码曝光图像模糊尺度估计实验

（a）本书拍摄的真实编码曝光图像；（b）不同模糊尺度下反卷积图像
能量谱统计数据残差平方和；（c）复原图像。

程中需要对图像进行剪切,只取复原图像 80% 的中间部分进行能量谱信息
统计,这样得到的结果是非常准确的。本书使用多项式拟合求取图像能量
谱统计数据的残差平方和。从原理上来讲,一定程度上多项式拟合的幂次
越高,拟合精度则越高,但计算量也会增大。同时,如果拟合精度过高,则残

差平方和就会很小甚至为零,使得本章方法失去了意义。因此,本章方法中多项式拟合的目的是为了反映图像能量谱统计数据点的发散程度,拟合精度并不是主要考虑的问题。经过本书大量的实验,建议在本章方法中使用三次多项式拟合。

5.5　小　　结

由于编码曝光图像中运动信息表现为非连续状态,使得传统的模糊尺度估计方法无法使用。本章基于对自然图像能量谱统计信息的分析,提出了一种编码曝光图像模糊尺度的自动估计方法。本章发现只有在反卷积运算时使用正确的模糊尺度得到的复原图像,其能量谱统计数据点的发散程度最小。如果使用多项式拟合对这些统计数据点进行数据拟合,则其残差平方和最小。因为编码曝光模糊图像点扩展函数是可逆性,对编码曝光模糊图像的复原可以采用快速的直接反卷积算法。针对编码曝光技术的这一独特优势,本书基于对复原图像能量谱统计信息残差平方和的分析,采用迭代优化的思路求取模糊图像正确的模糊尺度。因此,给定一个初始的模糊尺度,采用全局搜索的方法则能快速地找到编码曝光模糊图像正确的模糊尺度。本章通过大量的仿真及真实图像实验验证了本章方法的有效性。

第6章
基于双目立体视觉的运动测量方法研究

    基于单幅编码曝光模糊图像估计模糊尺度的方法适合于匀速直线运动场景下的运动模糊图像复原,无法处理具有复杂运动形式的图像场景,随着计算机视觉技术的发展以及多学科交叉研究的深入,采用外部传感器获得运动参数进而解决图像运动模糊问题的方法成为计算机视觉、计算摄影以及图像处理等交叉领域研究的热点[124-128]。

    基于外部传感器获得运动参数的方法主要有:

    (1)基于相机内部运动传感器的方法。这种方法可以检测相机自身运动,因而多应用于相机运动导致的运动模糊复原以及电子防抖系统,不适用运动物体导致的运动模糊问题。

    (2)基于主动传感器(如超声、激光)的定位技术。主动传感器需要向外发射探测信号,不适合隐蔽侦察等保密性要求较高的任务。

    (3)基于视觉运动测量的方法。基于视觉的测量方法不仅可以应用于相机运动导致的全局运动模糊问题和运动对象导致的局部运动模糊问题,相较于主动传感器测量方法还具有被动测量、不发射测量信号等优势。

    单目视觉测量方法通常应用在图像坐标系下的运动测量和定位问题,通过单幅图像求解场景点的世界坐标是非常困难的,通常需要已知的运动、尺度等信息才能求解出被测目标的世界坐标,而这些"已知"条件正是本书需要求解的内容,显然单目视觉测量方法不适合本书应用场景。双目立体视觉与人类视觉立体感知过程非常相似,它通过两个视点观察同一个场景,获取不同视点上的两幅图像,通过影像匹配与三角测量原理计算同一场景在两幅图像上成像的偏差,以此来获取景物的世界坐标。双目立体视觉模拟人类双眼处理景物的方式,从仿生的观点和实用的观点来看,双目立体视觉简便、可靠、经济、科学,在许多领域均有应用价值,如三维测量学、虚拟现实、微操作系统的位姿检测与控制、机器人导航与航测等[129~131]。

根据上述讨论以及运动模糊图像点扩展函数评估应用中运动测量任务需求,本书采用双目立体视觉传感器作为运动物体和运动场景的定位和运动测量的辅助传感器,通过立体匹配和运动测量方法获得高分辨率图像过程中的运动信息,进而获得高分辨率运动模糊图像的点扩展函数。如图 6.1 所示,基于双目立体视觉的运动测量问题与经典的立体视觉匹配问题的差异在于运动测量不仅要在同时间的双目图像之间进行立体匹配,还需要在不同时间的双目图像序列之间进行运动匹配。从图像处理的角度来讲,两种匹配的目的相同,即在不同的图像中获得与待匹配点的同名点,但是同时间双目图像立体匹配与不同时间图像序列运动匹配又各有特点[132]。从各具特色的双目立体匹配算法框架来看,算法有效性主要取决于 3 个因素,即选择准确的匹配基元、寻找相应的匹配准则和构建能够准确匹配所选基元的稳定算法。文献[133]将双目立体匹配算法分为两类,即基于局部约束的算法和基于全局约束的算法。基于局部约束算法利用兴趣点周围的局部信息进行计算,涉及信息量较少,相应的计算复杂度较低,大多实时性平台借鉴了此算法的思想。基于局部约束算法分为 4 类:区域匹配算法、最小二乘匹配算法、特征匹配算法和相位匹配算法。基于全局约束算法利用对应扫描线或整个图像数据信息进行计算,着重解决图像中不确定区域的匹配问题,能到达全局最优解。全局最优算法的本质是将对应点的匹配问题转化为寻找某一能量函数的全局最优问题,通常跳过代价聚合步骤,直接计算视差值。全局最优算法分为 4 类:动态规划算法、图割算法、人工智能算法和其他全局算法。文献[134]评价了各种优化策略的性能,指出动态规划算法在满足对应点顺序约束的条件下能最快地实现全局最优搜索;基于二维马尔可夫过程的图割算法性能最好,但耗时太长。针对本书需要进行快速运动测量的应用需求,我们选择了基于局部约束的双目立体匹配方法,同时考虑到本书在进行立体匹配的同时还需要进行图像序列间的运动匹配,为了保证算法的匹配可靠性,本书选择特征匹配算法进行双目立体匹配和立体图像序列之间的运动匹配。立体图像序列之间进行运动匹配时,前后两帧图像拍摄的时间间隔较小,两帧图像具有较好的相似性,提取的特征相对容易匹配,但由于物体或场景运动通常会导致特征点的旋转和缩放问题,因而在选择特征描述方法时需要选用具有缩放和旋转不变性的描述算子。David G. Lowe 在 2004 年总结了现有的基于不变量技术的特征检测方法,并正式提出了一种基于尺度空间的、对图像缩放、旋转甚至仿射变换保持不变性的图像局部特征描述算子——尺度不变特征变换算子(Scale Invariant Feature Transform,SIFT)[135]。SIFT 是目前国际上公认效果良好的特征点提取匹配方法,在双目立体视觉的立体匹配与运动匹配方面获得了广泛的应用[136-138]。在双目图像立体匹配时,由于双目相机之间的基线长度不同,产生的视差范围也很大,这意味着匹配算法进行匹配时的搜索空间非常大,势必造成巨大的计算量,因而在双目图像立体匹配时通常会引入一些先验约束条件缩小其搜索空间提高算法搜索速度。

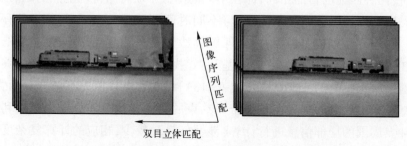

图 6.1　基于双目立体视觉图像序列的三维运动测量

基于以上分析,本书提出了一个基于双目立体视觉图像序列的三维运动测量框架,如图 6.2 所示。

首先,分别对双目图像序列中各左、右目图像进行特征检测,获得所有图像的特征描述。

其次,对每一时刻的双目图像进行双目立体匹配,获得双目立体匹配点对。

再次,在相邻时刻的双目立体匹配点对中进行运动匹配,获得运动匹配点对。

最后,结合双目相机成像模型获得匹配点对在各相邻时刻的运动向量,即本书应用所需的立体运动轨迹。

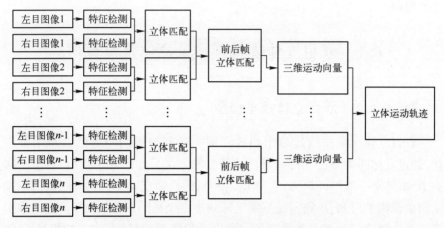

图 6.2　基于双目立体视觉的运动测量框架

针对上述运动测量框架中的具体匹配问题,本书对双目立体模型及立体定位算法进行了详细讨论,在此基础上提出了一种基于立体-运动双约束 SIFT 立体运动测量算法。

对于运动目标引起的局部运动模糊图像,对静止背景部分进行特征提取和匹配无疑会浪费巨大的计算量,为了提高算法的执行效率,可仅在运动目标区域内进行特征提取和匹配,一方面可减少特征提取的计算量,另一方面也可以缩小匹配特征点集,进而缩小匹配的搜索空间。因此,本书在进行特征提取和匹配之前还需进行运动目标检测。

运动目标检测技术是计算机视觉领域中的一个基本问题。运动目标检测技术在智能视频监控、车流统计、人体运动分析、飞行器制导以及视频压缩等许多领域都得到了广泛的应用。对绝大部分应用来说,只要检测出目标的大致区域即可满足进一步处理的需要;对于本书应用,获得精确的运动目标区域是进行运动目标特征提取和匹配的重要前提,对下一步的运动模糊图像复原也是一个重要步骤,如果检测结果中出现漏检或多检的情况,那么在复原过程中会对结果产生严重的影响。运动目标检测的方法有很多,主要有差图像法("减背景"法)、光流法、基于主动轮廓线模型的方法、基于统计模型的方法、基于小波的方法、基于人工神经网络的方法、粒子滤波、

Mean Shift 方法等[139]。考虑本书应用的需求,我们提出了一个以"减背景"方法作为粗略目标区域检测和 SUSAN 边缘检测后进行填充的精确目标区域检测相结合的运动目标检测方法——基于彩色"减背景"和 SUSAN 的精确目标检测。

6.1 双目立体视觉模型及立体定位算法

▶ 6.1.1 双目立体视觉模型

双目立体视觉是通过两个相机在同一时刻拍摄同一场景获得两幅图像,通过立体匹配方法获得场景三维信息的方法。如图 6.3 所示,对于空间点 P,如果使用单相机观测,它在 C_{HS-L} 相机的投影点 p_1 坐标为 (x_1, y_1),根据前面成像模型可知,P 到 p_1 是三维坐标到二维坐标的映射,仅由 p_1 点二维坐标是不能够确定 P 的三维坐标的。由中心投影模型可知,C_{HS-L} 相机光心 O_1 和 P 连线上的任意一点在 C_{HS-L} 上的投影点均为 p_1。如果使用两个相机 C_{HS-L} 和 C_{HS-R} 同时观测 P 点,P 点在两个相机的投影点 p_1 和 p_2,p_1 点和 C_{HS-L} 相机光心 O_1 连线与 p_2 点和 C_{HS-R} 相机光心 O_2 连线的交点是 P,因此就可以通过 p_1 点和 p_2 点唯一确定 P 点的三维空间位置。

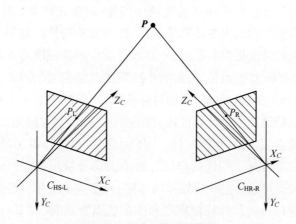

图 6.3 双目立体视觉模型

双目立体视觉模型描述如下:

设空间任意点 P 的世界坐标为 (X, Y, Z);P 在 C_{HS-L} 相机的投影点 p_1 坐

标为 (x_1, y_1) ; P 在 C_{HS-R} 相机的投影点 p_2 坐标为 (x_2, y_2) 。设 C_{HS-L} 相机的中心透视投影矩阵为 M_1 ; C_{HS-L} 相机的中心透视投影矩阵为 M_2 ; 由式 (2.19) 中心透视投影公式, P 点在 C_{HS-L} 和 C_{HS-L} 相机上的投影变换公式为

$$Z_{C_1}\begin{bmatrix} x_1 \\ y_1 \\ 1 \end{bmatrix} = M_1 \begin{bmatrix} X \\ Y \\ Z \\ 1 \end{bmatrix} = \begin{bmatrix} m_0^1 & m_1^1 & m_2^1 & m_3^1 \\ m_4^1 & m_5^1 & m_6^1 & m_7^1 \\ m_8^1 & m_9^1 & m_{10}^1 & m_{11}^1 \end{bmatrix} \begin{bmatrix} X \\ Y \\ Z \\ 1 \end{bmatrix} \tag{6.1}$$

$$Z_{C_2}\begin{bmatrix} x_2 \\ y_2 \\ 1 \end{bmatrix} = M_2 \begin{bmatrix} X \\ Y \\ Z \\ 1 \end{bmatrix} = \begin{bmatrix} m_0^2 & m_1^2 & m_2^2 & m_3^2 \\ m_4^2 & m_5^2 & m_6^2 & m_7^2 \\ m_8^2 & m_9^2 & m_{10}^2 & m_{11}^2 \end{bmatrix} \begin{bmatrix} X \\ Y \\ Z \\ 1 \end{bmatrix} \tag{6.2}$$

上述两式中的 M_1 和 M_2 可由 MATLAB 相机标定工具获得。Z_{C_1} 和 Z_{C_2} 可以从投影变换公式中消去, 整理后得到关于 X、Y、Z 的四个线性方程组:

$$\begin{cases} (x_1 m_8^1 - m_0^1) X + (x_1 m_9^1 - m_1^1) Y + (x_1 m_{10}^1 - m_2^1) Z = m_3^1 - x_1 m_{11}^1 \\ (y_1 m_8^1 - m_4^1) X + (y_1 m_9^1 - m_5^1) Y + (y_1 m_{10}^1 - m_6^1) Z = m_7^1 - y_1 m_{11}^1 \end{cases} \tag{6.3}$$

$$\begin{cases} (x_2 m_8^2 - m_0^2) X + (x_2 m_9^2 - m_1^2) Y + (x_2 m_{10}^2 - m_2^2) Z = m_3^2 - x_2 m_{11}^2 \\ (y_2 m_8^2 - m_4^2) X + (y_2 m_9^2 - m_5^2) Y + (y_2 m_{10}^2 - m_6^2) Z = m_7^2 - y_2 m_{11}^2 \end{cases} \tag{6.4}$$

由解析几何可知, 式 (6.3) 的物理意义为经过 P 点和 p_1 点的直线, 式 (6.4) 的物理意义为经过 P 点和 p_2 点的直线。式 (6.3) 与式 (6.4) 联立求得的解是两条直线的交点, 即为 P 点的世界坐标。假设 p_1 和 p_2 点坐标是 P 点在两个相机投影的精确坐标, 那么由式 (6.3) 和式 (6.4) 确定的方程组一定上有解并唯一的。事实上由于测量误差以及标定误差的存在, 上述方程组不一定存在精确的唯一解, 在实际情况下, 通常使用最小二乘法求解上述方程组获得最优的 P 点坐标 (X, Y, Z)。

上述模型的求解过程较为复杂, 若需要获得场景中每个点的世界坐标, 则需要消耗较大的计算量。在实际应用中, 通常采用双相机平行配置方案, 如图 6.4 所示。假设两个相机内部参数相同, 两个相机的光轴相互平行, 图像坐标系的 x 轴重合, y 轴平行, 那么将右目相机沿着 x 轴平移一段距离 d 后即与左目相机重合。

当双目相机按图 6.4 中平行配置模型配置时, 将左目相机坐标系记为

$O_{C_{HS-L}}(x,y,z)$,右目相机坐标系记为 $O_{C_{HS-R}}(x,y,z)$;设 P 点在左目相机坐标系下坐标为 (x,y,z),那么在右目相机坐标系下坐标为 $(x-d,y,z)$;设 P 点在左目图像中坐标为 (u_1,v_1),在右目图像中坐标为 (u_2,v_2);设相机主点坐标为 (u_0,v_0)。

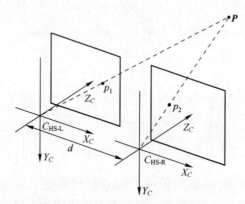

图 6.4　双目相机平行配置模型

根据中心透视投影模型,可得

$$\frac{u_1-u_0}{f_x}=\frac{x}{z} \tag{6.5}$$

$$\frac{v_1-v_0}{f_y}=\frac{y}{z} \tag{6.6}$$

$$\frac{u_2-u_0}{f_x}=\frac{x-d}{z} \tag{6.7}$$

$$\frac{v_2-v_0}{f_y}=\frac{y}{z} \tag{6.8}$$

由式(6.5)~式(6.8)联立即可解得点 P 在左目相机坐标系下的坐标:

$$x=\frac{d(u_1-u_0)}{u_1-u_2} \tag{6.9}$$

$$y=\frac{df_x(v_1-v_0)}{f_y(u_1-u_2)} \tag{6.10}$$

$$z=\frac{df_x}{u_1-u_2} \tag{6.11}$$

式(6.9)~式(6.11)中,d 为两个相机光心之间的距离,称为基线长度,u_1-u_2 称为视差。从式(6.9)中可以看出,两个相机的基线长度越大,得到结果的误差越小。但如果基线长度过长会产生场景点相互遮挡问题,导致定位失败,另外基线长度过长还会导致两个相机公共视场很小,失去实际应用价值。从式(6.11)中可以得出,场景点距离相机越远,产生的视差越小,当场景点趋近于无穷远时视差趋近于 0。在利用双目视觉进行运动测量时,过小的基线长度和过远的测量距离都会产生较大的测量误差。

上述平行配置模型上最简单的双目立体视觉模型,在一般精度要求不高的场合均可采用该模型计算场景三维信息。因为在相机安装时很难保证两个相机光轴的绝对平行,因此对测量精度要求较高的应用,采用图 6.3 所示的双目立体视觉模型则更为合适,但对平行配置模型测量误差分析也适用于一般双目模型。

▶ 6.1.2　SIFT 特征提取

基于双目立体视觉的运动测量问题,不但需要考虑左、右目图像之间由于视点不同带来的图像仿射变形,还需要考虑运动过程中存在旋转和缩放等问题。在这种情况下,基于局部灰度相关匹配方法通常不能满足应用需求,在选择特征匹配方法时,本书选择了具有仿射、旋转和缩放不变性的特征描述算子——SIFT。下面介绍 SIFT 特征匹配算法的特征提取过程[135]:

1. 检测尺度空间极值点

SIFT 算法采用尺度空间的目的是描述图像数据的多尺度特征。高斯卷积核已经被证明是实现尺度变换的唯一线性变换核。因而,一幅图像的尺度空间函数定义为

$$L(x,y,\sigma) = G(x,y,\sigma) \otimes I(x,y) \tag{6.12}$$

式中:(x,y) 为空间坐标;$G(x,y,\sigma)$ 为尺度可变高斯函数,即

$$G(x,y,\sigma) = \frac{1}{2\pi\sigma^2} e^{-(x^2+y^2)/2\sigma^2} \tag{6.13}$$

为在不同尺度空间检测出稳定的特征点,SIFT 算法采用高斯差分尺度空间。DOG 利用不同尺度的高斯差分核与图像卷积生成:

$$D(x,y,\sigma) = (G(x,y,k\sigma) - G(x,y,\sigma)) \otimes I(x,y)$$
$$= L(x,y,k\sigma) - L(x,y,\sigma) \tag{6.14}$$

DOG 算子计算简单,并且是尺度归一化的 LOG 算子的近似。为了寻找 DOG 尺度空间中的极值点,每一个采样点要和它所有的相邻点比较,看其是否比它的图像域和尺度域的相邻点大或者小。如图 6.5 所示,中间的检测点

和与它同尺度的 8 个相邻点以及上下相邻尺度对应的 9×2 个点比较,如果该像素在这 26 个邻域中皆为极值,则作为候选的极值点。

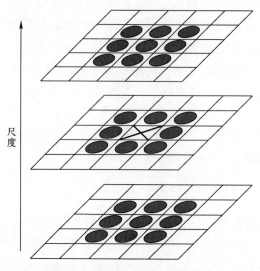

图 6.5 高斯差分尺度空间极值点

2. 极值点精确定位

通过拟合三维二次函数以精确确定特征点的位置和尺度,同时去除低对比度的特征点和不稳定的边缘响应点(因为 DOG 算子会产生较强的边缘响应),以增强匹配稳定性,提高抗噪能力。

利用 DOG 函数的二阶泰勒展开式 $D(X)$ 插值得到特征点和尺度坐标的亚像素级精确值:

$$D(X) = D + \frac{\partial D^{\mathrm{T}}}{\partial X} X + \frac{1}{2} X^{\mathrm{T}} \frac{\partial^2 D}{\partial X^2} X \qquad (6.15)$$

其中向量 $X = (x, y, \sigma)^{\mathrm{T}}$,表示采样点和特征点之间的位置、尺度偏移。令式(6.15)的一阶导数为 0,可得到特征点的小数偏移向量:

$$\hat{X} = -\frac{\partial^2 D^{-1}}{\partial X^2} \frac{\partial D}{\partial X} \qquad (6.16)$$

$\hat{X}$ 加上原整数精度特征点坐标 X,即得亚像素精度的特征点坐标。将 $\hat{X}$ 代入 DOG 函数的二阶泰勒展开式中得

$$D(\hat{X}) = D + \frac{1}{2} \frac{\partial D}{\partial X} \hat{X} \qquad (6.17)$$

当 $|\boldsymbol{D}(\hat{X})|$ 值小于 0.03 时,该特征点对噪声敏感而不稳定,故忽略该特征。

DOG 函数的极值点通常在边缘切向有较大的主曲率,而在边缘的垂直方向有较小的主曲率。主曲率通过特征点处的 Hessian 矩阵计算出:

$$\boldsymbol{H} = \begin{bmatrix} D_{xx} & D_{xy} \\ D_{xy} & D_{yy} \end{bmatrix} \tag{6.18}$$

其中导数是由相邻采样点的差值估计得到的。主曲率和 $\boldsymbol{H}$ 的特征值成正比,令 α 为最大特征值,β 为最小的特征值。我们可以通过 $\boldsymbol{H}$ 的迹以及行列式得到特征值与 $\boldsymbol{H}$ 之间的关系:

$$\mathrm{Tr}(\boldsymbol{H}) = D_{xx} + D_{yy} = \alpha + \beta \tag{6.19}$$

$$\mathrm{Det}(\boldsymbol{H}) = D_{xx}D_{yy} - (D_{xy})^2 = \alpha\beta \tag{6.20}$$

令 r 为最大特征值与最小特征值的比率,即 $\alpha = r\beta$。消去上述二式中的 α、β,得

$$\frac{\mathrm{Tr}(\boldsymbol{H})^2}{\mathrm{Det}(\boldsymbol{H})} = \frac{(\alpha+\beta)^2}{\alpha\beta} = \frac{(r+1)^2}{r} \tag{6.21}$$

式(6.21)仅依赖特征值的比率而不依赖它们的独立值。当两个特征值相等时,式(6.21)取得最小值;随着 r 的增加,式(6.21)的值也增加。因此,要检查主曲率的比率是否在某一阈值 r 之下,仅需要检查:

$$\frac{\mathrm{Tr}(\boldsymbol{H})^2}{\mathrm{Det}(\boldsymbol{H})} < \frac{(r+1)^2}{r} \tag{6.22}$$

在 SIFT 特征检测实验中通常取 $r = 10$。

3. 统计主方向

为了保证特征描述向量具有旋转不变性,SIFT 算法利用特征点邻域像素的梯度方向分布特征,为每个特征点指定方向参数。首先在高斯空间计算特征点的梯度模和方向:

$$\begin{cases} m(x,y) = \sqrt{(L(x+1,y)-L(x-y,y))^2 + (L(x,y+1)-L(x,y-1))^2} \\ \theta(x,y) = \arctan((L(x,y+1)-L(x,y-1))/((L(x+1,y)-L(x-1,y)))) \end{cases}$$
$$\tag{6.23}$$

然后利用高斯空间中每个特征点一定邻域内采样点的梯度方向创建一个方向直方图。直方图以 10° 为一个单位将 360° 分成 36 个柱。根据每个采样点的方向 θ 将其归入适当的柱,以梯度模 m 作为贡献的权重。方向直方图中最大峰值作为特征点的主方向。为了增强的鲁棒性,直方图中量值达到主峰值 80% 以上的局部峰值方向也创建一个特征点。这样在同一位置会

产生多个特征点,这些特征点的方向不同。虽然仅有 15% 的位置会产生这种情况,但这种多方向特征点的方法对匹配的稳定性贡献很大,可以通过多个方向上的匹配率拟合出更精确的匹配方向。

4. 生成特征点描述向量

首先将坐标轴旋转为特征点的方向,以确保旋转不变性。接下来以特征点为中心取 8×8 的窗口。图中 x 标记为当前特征点的位置,每个小格代表特征点邻域所在尺度空间的一个像素,箭头方向代表该像素的梯度方向,箭头长度代表梯度模值,图中圆圈区域代表高斯加权的范围(越靠近特征点的像素梯度方向信息贡献越大)。然后在每 4×4 的小块上计算 8个方向的梯度方向直方图,绘制每个梯度方向的累加值,即可形成一个种子点,如图 6.6 所示。图中一个特征点由 2×2 共 4 个种子点组成,每个种子点有 8 个方向向量信息。这种邻域方向性信息联合的思想增强了算法抗噪声的能力,同时对于含有定位误差的特征匹配也提供了较好的容错性。

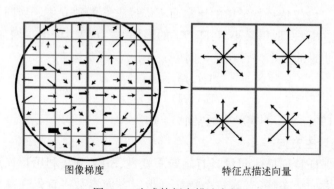

图像梯度　　　　　　　　　　特征点描述向量

图 6.6　生成特征点描述向量

实际计算过程中,为了增强匹配的稳健性,对每个特征点使用 4×4 共 16个种子来描述,对一个特征点就可以产生 128 个数据,即形成 128 维 SIFT 特征向量。此时 SIFT 特征向量已经去除了尺度变化、旋转等几何因素的影响,再继续将特征向量的长度归一化,则可以进一步去除光照变化的影响。

▶ 6.1.3　立体匹配的约束条件

与普通的图像模板匹配不同,立体匹配是在多幅存在视差、几何畸变、灰度差以及噪声干扰的退化图像之间进行的,没有任何标准模板用于匹配。

Marr 认为立体视觉的一个恰当定义是成像过程的逆过程,具有"病态"的不确定性[140]。要准确地在如此多不利因素情况下进行无歧义的匹配是非常困难的,也是立体视觉技术的关键所在。由于从三维场景向二维图像的投影过程中丧失了大量的信息,视觉系统必须依靠自然的约束条件才能获得确定的匹配。根据对应点的性质,提出了许多约束条件来减少搜索范围和确定正确的对应点,主要的几种约束有[139]:

(1) 唯一性约束:在任何时刻位于某一物体表面上的一个给定点在空间上只占有唯一的位置,所以该点投影到图像中也只占有唯一的像素,即一目图像中的一个像素点在另一幅图像中有且仅有一个对应点。

(2) 连续性约束:由于物体表面是光滑的,因而时差在图像的大部分范围内应是连续和光滑变化的,也就是说时差梯度(Gradient of Disparity,GD)具有上限。在理想的双目视觉系统中,对于左视图上的水平扫描线 $l(x)$,线上各点的视差 d 也是 x 的函数,GD 定义为 $\partial d/\partial x$,生理实验表明,人类视觉系统能够正确匹配的最大 GD 是 2,显然选用较小的 GD 作为约束条件可以减少匹配的搜索范围和候选点数,提高运算速度,但同时也增加了错误匹配和漏选的概率;反之,选用较大的 GD 作为约束条件虽然减少了漏选的概率却增加了匹配的歧义性和计算的复杂性。实际匹配算法应在二者之间取合适的值。

(3) 极线约束:双目立体模型中,两个相机光心连线称为基线,所有通过两个相机光心的平面都称为极平面,给定基线以外的场景点,该点就与基线确定了一个具体的极平面。极平面与相机像平面的交线称为极线,基线与像平面的交点称为极点。如图 6.7 所示,齐次坐标为 X 的场景点 P,它在光心为 C_{HS-L} 的相机的像平面 S_1 上的投影点 p_1 的齐次坐标为 x_1;在光心为 C_{HS-R} 的相机的像平面 S_2 上的投影点 p_2 的齐次坐标为 x_2。由 P 点、C_{HS-L} 和 C_{HS-R} 三个点确定的平面 π 即为极平面。平面 π 与平面 S_1 的交线记为极线 l_1,平面 π 与平面 S_2 的交线记为极线 l_2。基线与平面 S_1 的交点记为极点 e_1,基线与平面 S_2 的交点记为极点 e_2。上述点、线、面的符号均表示其矢量形式。可见,场景点 P 和两个像平面上对应的像点 p_1 和 p_2 必定位于对应的极线 l_1 和 l_2 上,这种关系就是双目立体成像模型中的极线约束。

(4) 顺序一致性约束:一幅图像的一条极限和另一幅图像的一条极限相对应,那么它们上面的对应点的排列顺序不变。在少数情况下,此约束可能不会满足,而且视点的方位变化很大,这个约束条件不被满足的可能性越

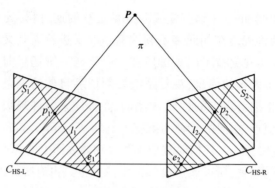

图 6.7　极线约束模型

大，但大多数的点满足该约束条件。使用这个约束条件可以增加匹配的速度和准确率。对于左视图水平扫描线 $l(x)$ 上的两点 p_{l_1} 和 p_{l_2}，它们在右视图极线上的对应点分别为 p_{r_1} 和 p_{r_2}，如果 p_{l_1} 在 p_{l_2} 的左侧，则 p_{r_1} 也在 p_{r_2} 的左侧，反之亦然。

（5）光学测定相容约束：左视图和右视图中点的亮度相差很小，由于光源、表面方向和观察者之间相互角度的原因，它们不可能完全相同，但是差别一般是小的并且视图不会差别很大，实际上，该约束的优点是左视图中的亮度可以使用非常简单的变换转为右视图的亮度。

（6）几何形状相似约束：在左视图和右视图中发现的特征的几何特性相差不大。几何形状相似约束通常在局部匀质区域等特征不足的情况下的匹配进行约束。

本书基于双目立体视觉的运动测量研究中，还需要考虑相邻帧之间的运动约束，这将在下面具体算法中进行介绍。

6.2　基于彩色"减背景"和 SUSAN 的精确目标检测

运动目标检测技术是计算机视觉领域中的一个基本问题。对于多数应用，如智能视频监控、车流统计等，只要检测出目标的大致区域即可满足进一步处理的需要。对于本书应用，获得精确的运动目标区域是进行目标特征提取和匹配的前提，同时，精确目标区域的检测也是模糊图像复原中非常关键的一个重要步骤，如果检测结果中出现漏检或多检的情况，那么在复原过程中会对结果产生严重的影响。对于静止相机，"减背景"方法在已知背景的情况下可以较好地区分出目标区域,但需要准确地背景估计。时间差分法使用相邻或相近几帧图像的差作为提取运动目标的依据,这种方法在两帧图像中都存在运动目标时会产生目标区域与背景区域难以区分的问题,如图 6.8 所示。光流法可以提取出每个像素的运动向量,但是该向量是对光强变化的响应而并不能直接反映运动区域。高斯混合模型具有较好的抗干扰性,在场景中存在树叶扰动等情况下依然可以准确地估计出背景区域和运动区域,但该方法计算复杂度高,不适合需要快速处理的应用。

(a)　　　　　　(b)　　　　　　(c)　　　　　　(d)　　　　　　(e)

图 6.8　"减背景"和时间差分法运动目标提取对比

(a) 背景;(b) 检测帧 1;(c) 检测帧 2;(d) "减背景";(e) 时间差分法。

上述目标检测算法能够获得运动目标的大致区域,考虑到运动目标区域通常与背景区域存在一个明显的分界线,可以采用边缘提取算法对运动目标区域进行细化,获得更精确的检测结果。在拍摄快速运动目标时,通常需要非常短的曝光时间来"冻结"运动目标,因此需要设置较高的敏感度与增益,这就意味着获得的视频帧存在着较大的噪声。常用的边缘提取与检测算法有 Sobel 算法、Canny 算法、SUSAN 算法等。其中 Sobel 算法和 Canny 算法是基于微分的边缘检测算子,这种算子对噪声非常敏感,通常不用于对高噪声图像的检测;SUSAN 算法是基于灰度尺度特征的边缘检测算法,这种算子对局部噪声不敏感,对高斯噪声具有非常好的抑制效果。针对高噪声条件下的运动目标精确检测问题,本书采用了"减背景"方法和 SUSAN 边缘检测算法相结合的方式,提出了一种三步检测方法。第一步:首先使用"减背景"方法获得运动目标的大致区域,使用形态学算子对检测结果进行处理,得到粗检测结果。第二步:在粗检测结果区域内使用 SUSAN 算法进行边缘检测,提取得到运动目标的精确边缘。使用形态学填充算子进行空洞填充获得最终精确的运动目标区域。第三步:在获得运动目标的精确区域后,使用背景更新算法对已有背景图像进行更新,供下一帧图像检测。算法框架如图 6.9 所示。

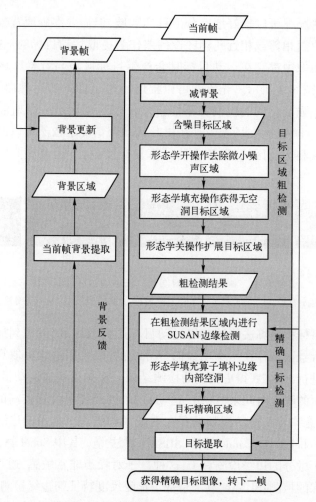

图 6.9　基于彩色"减背景"和 SUSAN 的精确目标检测算法框架

▶ 6.2.1　彩色"减背景"方法与背景更新方法

"减背景"方法是视频运动目标检测算法中最直接的方法,目标区域应满足如下公式:

$$|I_t(x,y)-I_b(x,y)|>t \tag{6.24}$$

式中:$I_t(x,y)$ 为当前帧;$I_b(x,y)$ 为背景帧;t 为预先定义的阈值。"减背景"算法中的两个关键因素是阈值 t 的选取与背景帧 $I_b(x,y)$ 的估计。阈值 t 如果选取过大会导致与背景区分不明显的一部分目标区域漏检,相反则会产生虚检。如果背景帧估计准确,如图 6.8(a)所示,获得的结果较为准确;如果背景帧估计不准确,包含有目标图像,如图 6.8(b)所示,那么检测结果中将出现目标与背景的混叠,如图 6.8(e)所示。为了能够更准确地检测运动目标,我们假设第一帧不含有运动目标,将第一帧图像作为初始的背景帧,在接下来的每帧处理中采用反馈策略对背景帧进行更新:

$$I_b^{\text{new}}(x,y) = \alpha \times I_b^{\text{old}}(x,y) + (1-\alpha) \times I_t(x,y) \times (1-M(x,y)) \qquad (6.25)$$

其中:α 为反馈系数,它决定了背景帧更新速度;$M(x,y)$ 为一个二进制遮罩,它由本书最终的精确目标检测结果得到。

$$M(x,y) = \begin{cases} 0, & (x,y) \in 背景区域 \\ 1, & (x,y) \in 目标区域 \end{cases} \qquad (6.26)$$

"减背景"方法的另一个重要因素就是阈值 t 的选取问题。绝大多数"减背景"算法将彩色图像转为灰度图像进行处理:

$$I = 0.29 \times R + 0.28 \times G + 0.13 \times B \qquad (6.27)$$

然后对灰度图像使用阈值 t 进行"减背景"运算。在彩色图像转为灰度图像的过程中,每个通道的能量分布是不同的,这就意味着对每个通道的背景差异值在灰度转换过程中被放大或缩小了。为了解决这一问题,我们采用 3 个阈值对每个通道进行单独的处理,每个阈值取每个通道能量分布直方图中第一个拐点。利用式(6.24)对每个通道进行"减背景"处理,得到如图 6.10(a)~(c)所示的单通道目标区域。利用"或"操作对三个通道的结果进行综合获得最终"减背景"结果,如图 6.10(d)所示。与图 6.10(e)所示的灰度图像"减背景"方法相比,三通道方法获得了更准确的目标区域。由

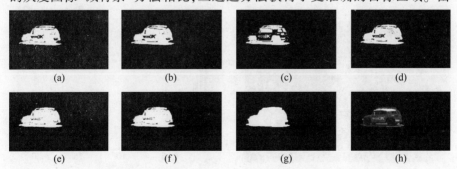

(a)　　　　　　　(b)　　　　　　　(c)　　　　　　　(d)

(e)　　　　　　　(f)　　　　　　　(g)　　　　　　　(h)

图 6.10　基于彩色分量能量分布的自动阈值"减背景"方法与形态学操作

(a) R 分量结果;(b) G 分量结果;(c) B 分量结果;(d) 灰度图像结果;

(e) 三通道综合;(f) "开"操作;(g) "填充"操作;(h) 目标图像。

于图像噪声的影响,检测结果中存在许多孤立的点,本书使用形态学"开"算子予以滤除,如图6.10(f)所示。考虑到目标区域内部有可能出现于背景差异不大的小区域,本书进一步使用形态学"填充"操作进行空洞填充,最终获得完整的目标区域,如图6.10(g)所示。

▶▶ 6.2.2　基于改进 SUSAN 算子的精确目标检测

SUSAN 算子与其他边缘检测算子不同,它是基于图像局部灰度统计特性的检测算法,不需要计算图像灰度导数,具有较好的抗噪性能。但 SUSAN 算子在实际应用中存在两个问题:①阈值自适应选取问题;②图像噪声点容易误检测为边缘点。针对阈值选取问题,本书采用梯度模均值化方法计算。图像梯度模定义为

$$g(i,j) = \frac{\left| f(i-1,j) + f(i+1,j) + f(i,j-1) + f(i,j+1) - 4f(i,j) \right|}{4} \tag{6.28}$$

图像中边缘点处的梯度模值通常较大,而平滑区域的梯度模通常较小,平滑区域的像素点数量占据了图像的大部分比例,如图6.11(b)中图像梯度模直方图所示。大量的实验表明:图像中噪声主要为服从高斯随机分布的随机噪声,平滑区域像素点的梯度模一般不超过 $G = 5^{[117]}$。本书取大于 G 的梯度模均值作为阈值 t。

$$t = \frac{1}{n} \sum_{g(i,j) > G} g(i,j) \tag{6.29}$$

其中,n 为梯度模大于 G 的点的数目。

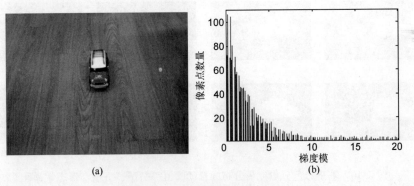

图 6.11　图像梯度模直方图

(a) 玩具汽车模型图像;(b) 梯度模直方图。

SUSAN 边缘检测算法对图像中噪声点和边缘点通常都满足检测条件。通常情况下,噪声点邻域的灰度重心与模板中心是重合或近似重合的,而边缘点邻域的灰度重心与模板中心是不重合的,如图 6.12 所示。

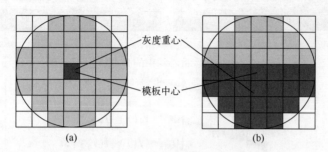

图 6.12 灰度重心约束

(a) 噪声点的灰度重心;(b) 边缘点的灰度重心。

依据这一原理,本书为了更好地区分边缘点和噪声点,在 SUSAN 算子边缘约束条件的基础上,增加了灰度重心约束条件对噪声点予以滤除。灰度重心定义为

$$\text{barycenter}(x_0,y_0) = \left[\frac{\sum\limits_{(x,y)\in M(x_0,y_0)} I(x,y)\times x}{\sum\limits_{(x,y)\in M(x_0,y_0)} I(x,y)}, \frac{\sum\limits_{(x,y)\in M(x_0,y_0)} I(x,y)\times y}{\sum\limits_{(x,y)\in M(x_0,y_0)} I(x,y)} \right]$$

$$(6.30)$$

其中 $M(x_0,y_0)$ 是以 (x_0,y_0) 为中心的模板区域。当 (x_0,y_0) 处满足 SUSAN 算法检测条件时,进一步计算该处的灰度重心 $\text{barycenter}(x_0,y_0)$,以 (x_0,y_0) 和 $\text{barycenter}(x_0,y_0)$ 之间的欧式距离为判断条件,若 $\text{barycenter}(x_0,y_0)$ 相距 (x_0,y_0) 较远,则断定改点为边缘点,否则为噪声点。图 6.13 为 SU-SAN 原有算法和加入灰度重心约束的 SUSAN 算法的比较:SUSAN 原算法将许多噪声点认为是边缘,而加入了灰度重心约束的 SUSAN 滤除了大部分的噪声点,更准确地反映物体的边缘。

本书引入灰度重心约束的 SUSAN 边缘检测算法的具体步骤如下:

(1) 利用灰度梯度法确定 SUSAN 边缘检测算法的阈值 t。

(2) 在彩色"减背景"方法确定的 ROI 区域内计算每个像素点与 SUSAN 模板区域的灰度差异 $\text{compare}(r,r_0)$。

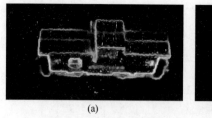 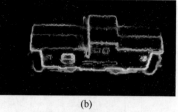

(a)   (b)

图 6.13 引入灰度重心约束的 SUSAN 边缘检测

(a) SUSAN 算法检测结果;(b) 引入灰度重心约束后检测结果。

$$\text{compare}(r,r_0) = \begin{cases} 1, & |I(r)-I(r_0)| \leqslant t \\ 0, & |I(r)-I(r_0)| > t \end{cases} \quad (6.31)$$

式中:$I(r_0)$ 为模板中心像素点;$I(r)$ 为模板其他位置像素点;t 为步骤 1 获得的阈值。

(3) 计算 USAN 的权重 $n(r_0)$:

$$n(r_0) = \sum_r \text{compare}(r,r_0) \quad (6.32)$$

(4) 计算边缘响应强度 $\text{response}(r_0)$:

$$\text{response}(r_0) = \begin{cases} g-n(r_0), & n(r_0) < g \\ 0, & \text{其他} \end{cases} \quad (6.33)$$

式中:$n(r_0)$ 为模板中心像素点的 USAN 权重;g 为 SUSAN 边缘点响应的几何阈值,本书设置为 $g = \dfrac{3}{4} n_{\max}$。

(5) 如果 r_0 处边缘初始响应满足 SUSAN 边缘检测阈值,则对该点按式(6.30)进行灰度重心计算,若满足灰度重心约束,则将该点标记为边缘点。

在获得目标边缘后,对边缘内部进行空洞填充即得完整的目标区域。

6.3 基于立体–运动双约束 SIFT 立体运动测量方法

基于双目立体视觉的运动测量需要在 4 维空间(3 维空间+1 维时间)中进行特征的检测和匹配,测量包括对同一时刻双目图像之间的立体匹配以获得 3 维空间数据和不同时刻双目图像之间的运动匹配以获得运动数据两个部分。虽然本质上两种特征匹配并没有区别,既可以先进行双目立体匹配也可以先进行运动匹配,但是在实际应用中,不同的匹配策略却可能产生不同的效果。在同时刻的双目图像立体匹配时,不仅需要考虑到由于左右视点的不同带来的仿射变换造成的差异,还需要综合考虑立体匹配约束条件以减少搜索空间提高实用性和准确性。文献[132]提出了一种运动-立体双匹配约束进行双目立体视觉的运动分析。"双匹配约束"是指为保证运动物体任意特征点运动前后物方坐标点的整体对应,运动-立体两种匹配必须同时满足的一种约束匹配。与该文献的思想相似,本书方法在进行三维运动测量时,也考虑了立体匹配约束和运动匹配约束两种约束条件,但与该书方法不同的是,本书在进行匹配时就将立体约束引入匹配搜索算法中,这样一方面缩小了搜索空间提高搜索效率,另一方面也提高了匹配的可靠性。本书匹配方法按照先双目立体匹配后时间序列图像运动匹配的顺序进行。

▶ 6.3.1　SIFT 特征匹配

如前所述,SIFT 特征是一个 128 维向量,利用 SIFT 特征进行对应点匹配就是计算对应点的 SIFT 特征向量的相似性。SIFT 特征向量相似性一般采用距离函数(如欧氏距离、巴氏距离、马氏距离等)作为度量依据。其中,欧氏距离是最常用的 SIFT 特征匹配相似性度量函数。本书需要进行双目立体匹配和前后帧运动匹配两次匹配,在前后帧运动匹配时需要考虑到立体点的匹配问题,因而需要采用不同的匹配方法。

1. 左、右目图像立体匹配

将左目图像和右目图像标记为 I_l 和 I_r。设 I_l 中一点 p 的 SIFT 特征向量为 S_p,I_r 中一点 q 的 SIFT 特征向量为 S_q,那么 p 点和 q 点的 SIFT 特征匹配相似度定义为

$$d = \sqrt{\sum_{1 \leqslant i \leqslant 128} (S_p(i) - S_q(i))^2} \tag{6.34}$$

Lowe 使用 BBF 算法[141]对传统的 k-d 树算法做逼近,因为 k-d 树算法一般只能解决不超过 10 维的数据。匹配的过程如下:取 I_l 中的某个特征点 p,在 I_r 的所有特征向量中搜索与点 p 的特征向量欧氏距离最近和次近的两个最邻近特征点 q 和 q',其欧氏距离分别为 d 和 d',如果二者之间欧氏距离的比值 $r=d/d'$ 小于某一阈值 K,则认为 p 与 q 是一对匹配点,否则匹配不成功。Lowe 推荐使用阈值 $K=0.8$。BBF 算法之所以更快速是因为仅考虑那些

次最邻近点的距离0.8倍以内的最邻近点,规避了多个距离相近邻近点的问题。设 I_l 中 SIFT 特征点数量为 m,I_r 中 SIFT 特征点数量为 n,那么在没有搜索优化的情况下,SIFT 特征匹配需要对 128 维特征向量进行 $m×n$ 次欧式距离计算,在特征点数量较多的情况下,SIFT 特征匹配的计算量是非常巨大的。SIFT 特征匹配通常情况下需要引入一些搜索策略来降低搜索复杂度和计算量。

2. 前后帧图像运动匹配

将左目图像和右目图像的前后帧分别标记为 I_{l1}、I_{l2} 和 I_{r1}、I_{r2}。设第一帧图像中的 p_1、q_1 是一组匹配点对,第二帧图像中 p_2、q_2 是一组匹配点对。按照匹配准则,四个点应相互符合 SIFT 特征匹配条件,即在 p_1 和 q_1、p_2 和 q_2 已经完成匹配的基础上还要进行 p_1 和 p_2、q_1 和 q_2、p_1 和 q_2、p_2 和 q_1 四次匹配才能确定四个点对应的是空间中同一点。这种方法显然具有很好的可靠性,但实际匹配时产生的计算量是非常巨大的,缺乏可行性。本书将立体匹配点对的特征组合为一个立体特征,即将双目匹配点对 p、q 的特征组合为一个 256 维的特征向量 SS_{pq},使用这个作为运动匹配的特征向量进行匹配,匹配相似度函数依然采用欧式距离:

$$ds = \sqrt{\sum_{1 \leqslant i \leqslant 256} \left[SS_{pq1}(i) - SS_{pq2}(i) \right]^2} \qquad (6.35)$$

匹配过程与双目立体匹配过程一致。

▶ 6.3.2 双约束条件 SIFT 特征匹配

在两幅图像没有任何其他约束条件的情况下,如果对两幅图像中 SIFT 特征点进行穷举搜索匹配,那么搜索空间和计算量都是不能满足实际应用要求的。针对这一问题,国内外专家学者先后提出了很多优化算法[136-138],这些算法一般通过以下几个方面对 SIFT 特征匹配算法进行改进:

(1)对 SIFT 特征向量进行降维。128 维 SIFT 特征向量在进行相似度匹配时无疑会带来巨大的计算量,降低 SIFT 特征向量的维度是降低计算量的有效途径,但这会同时降低特征的描述精度。

(2)对搜索空间进行改进。通过增加约束条件来缩小搜索空间,由于应用条件不同,采用的约束条件也应具体问题具体分析。

(3)优化搜索策略。应用优先 k-d 树、爬山法以及梯度下降法等先进搜索算法加快搜索速度。

针对本书双目立体视觉运动测量的应用,在双目立体相机已精确标定的情况下,本书使用如下两个约束条件对 SIFT 特征匹配算法的匹配空间和搜索策略进行改进:

1. 双目立体匹配约束

常用立体匹配约束条件已经在 6.1.3 节中有所介绍,在双目立体匹配时通常会用到这些约束条件来提高搜索的速度和增强匹配结果的鲁棒性。极线约束关系可以由基础矩阵来描述[139]

设式(6.1)和式(6.2)中投影矩阵 M_1 和 M_2 的伪逆矩阵分别为 M_1^+ 和 M_2^+,则场景点的坐标为

$$X = Z_{c_1} M_1^+ x_1 \tag{6.36}$$

将式(6.36)代入式(6.2),得到 p_2 的坐标 x_2:

$$x_2 = \frac{Z_{c_1}}{Z_{c_2}} M_2 M_1^+ x_1 \tag{6.37}$$

光心 $C_{\text{HS-L}}$ 在相机 HS-R 上的投影点坐标为

$$e_2 = \frac{1}{d} M_2 C_{\text{HS-L}} \tag{6.38}$$

其中,d 为连个光心之间的距离。基线 l_2 为通过 e_2 和 x_2 的直线,因而有

$$l_2 = [e_2]_\times x_2 = \frac{Z_{c_1}}{Z_{c_2}} [e_2]_\times M_2 M_1^+ x_1 \tag{6.39}$$

其中,$[e_2]_\times$ 是由极点 $e_2 = [x \quad y \quad z]^{\text{T}}$ 定义的秩为 2 的反对称矩阵:

$$[e_2]_\times = \begin{bmatrix} 0 & -z & y \\ z & 0 & -x \\ -y & x & 0 \end{bmatrix} \tag{6.40}$$

由于像点 p_2 在极线 l_2 上,因而有

$$x_2^{\text{T}} l_2 = 0 \tag{6.41}$$

将式(6.39)代入式(6.41)得

$$x_2^{\text{T}} l_2 = x_2^{\text{T}} \frac{Z_{c_1}}{Z_{c_2}} [e_2]_\times M_2 M_1^+ x_1 = 0 \tag{6.42}$$

记基础矩阵 F 为

$$F = [e_2]_\times M_2 M_1^+ \tag{6.43}$$

因而得到用基础矩阵描述双目图像间极线约束关系为

$$x_2^{\mathrm{T}} F x_1 = 0 \tag{6.44}$$

由 $[e_2]_\times$ 秩为 2，$[M_2 M_1^+]$ 秩为 3，因而 F 是一个秩为 2 的 3×3 矩阵，有 7 个自由度。F 既可以由相机标定的内、外部参数计算出来，也可以由 8 个以上匹配点计算。在没有标定过的双目立体应用中，通常以极线约束条件作为消除误匹配的约束条件，并没有介入匹配的搜索过程。本书所使用的混合视觉系统是经过精确标定的，基础矩阵 F 可以直接计算出，因而本书在特征点匹配的搜索过程加入极限约束条件来限定其搜索范围。根据极线约束条件，搜索特征点在另一幅图像上的匹配点就可以由整幅图像上进行二维搜索变成沿极线搜索，这对于整幅图像立体匹配应用，无疑可以大大地缩小搜索范围、节省计算量。为了增强算法的鲁棒性，本书将搜索范围设定为极线两侧与极线距离小于 1.5 像素的区域。

2. 运动匹配约束

在不考虑物体转动的情况下，由刚体运动规律可知：刚体平动时，其上各点的轨迹完全相同，且在同一瞬时，其上各点的速度和加速度完全相同。设第一帧双目图像经过立体匹配后获得 m 个可靠的匹配点对，根据双目立体成像模型计算出 m 个立体点，将这些点的齐次世界坐标记为 $X_1(i)$ $(i=1, 2, \cdots, m)$；第二帧双目图像经过立体匹配后获得 n 个可靠的匹配点对，根据双目立体成像模型计算出 n 个立体点，将这些点的齐次坐标记为 $X_2(i)$ $(i=1, 2, \cdots, n)$。在进行三维运动匹配时，设第一帧的第 i 个立体点与第二帧的第 j 个立体点匹配成功，那么该点的三维运动向量 ΔX 为

$$\Delta X = X_2(j) - X_1(i) \tag{6.45}$$

根据运动匹配约束，所有的匹配成功的立体点，其三维运动向量应一致。根据这一约束条件，我们采用 RANSAC 算法[142]剔除错误匹配点对，获得最终的匹配结果。

依据上述两个约束条件，本书提出了一种基于立体-运动双约束 SIFT 立体运动测量方法，具体的算法步骤描述如下：

(1) 读取双目立体图像序列 I_{l1}、I_{l2}、I_{r1}、I_{r2}，分别使用 6.3.1 节算法获得精确运动区域。

(2) 在步骤 1 取得的运动区域内进行 SIFT 特征检测，获得各图像的 SIFT 特征向量集 S_{l1}、S_{l2}、S_{r1}、S_{r2}，以及各图像特征点坐标集 L_{l1}、L_{l2}、L_{r1}、L_{r2}。设 SIFT 特征检测算法在各图像中检测出的特征点数量为 n_{l1}、n_{l2}、n_{r1}、n_{r2}。

（3）对双目图像对(I_{l1}, I_{r1})和(I_{l2}, I_{r2})分别进行立体匹配。对左目图像中的每个特征点,确定其极线方程。搜索右目图像特征点坐标矩阵,如果有特征点距离极线方程满足阈值(本书设置为 1.5),则进行特征相似度匹配,将该点纳入候选匹配点。在右目图像所有候选匹配点集中,按照 SIFT 特征匹配原则计算最优匹配点。按照唯一性约束条件,将最优点和待匹配点标记为已匹配点,以便缩小其他待匹配点的搜索空间。搜索完成后即得双目图像对的立体匹配结果,将每个立体匹配点对的特征向量集标记为 SS_1 和 SS_2,将位置坐标集标记为 LS_1 和 LS_2。

（4）对前后帧图像的立体匹配点进行运动匹配。首先确定一个运动窗口 $n×n$(窗口尺寸 n 表示前后帧之间的最大图像位移)。对第一帧图像中的一个立体匹配点对 P_i,获得其位置坐标 $LS_1(i)$,首先按照运动窗口尺寸在第二帧中选取位置在以 $LS_1(i)$ 为中心的窗口内的立体匹配点集合对作为待匹配点对集。在待匹配点对集中,计算每个待匹配点的特征向量与 P_i 的特征向量的相似度,获得最优匹配点。完成第一帧图像中所有立体匹配点对的运动匹配后获得一个运动匹配集 P_P,其中每个元素为点 p 在 I_{l1}、I_{l2}、I_{r1}、I_{r2} 中的坐标组合,表示 p 点先后在左目和右目图像中的投影位置。

（5）利用运动约束消除误匹配点对。首先使用双目立体视觉模型计算 P_P 中每个点在第一帧时刻的世界坐标和第二帧时刻的世界坐标并计算其运动向量。使用 RANSAC 算法剔除运动向量差异大的错误匹配点对,获得最终的三维运动测量结果。

6.4　实验结果及分析

▶ 6.4.1　运动目标检测结果与分析

为了验证本章中基于改进 SUSAN 和"减背景"的运动目标检测算法的有效性,本节对实际拍摄的多个不同运动目标图像进行了验证实验。首先,对基于彩色分量能量分布的自动阈值"减背景"方法的有效性进行了检验。本书拍摄了多组色彩分量不同的图像,应用本书算法与灰度方法进行了对比。图 6.14 为实验图像与对比结果,其中图 6.14(a)为背景图像,图 6.14(b)为包含目标的前景图像,图 6.14(c)为灰度方法得到的结果,图 6.14(d)为本书方法得到的结果。从结果中可以看出,本书算法较灰度方法能够更完整地提取出目标所在的区域,并且不需要手动指定阈值(灰度方法采用的阈值为本书三通道阈值的平均值)。从图 6.14 中可以看出,由于背景中一些像素与目标区域的像素非常接近,因而在"减背景"方法的结果中依然存在一些空洞和不光滑的区域。本书接下来对减背景方法获得结果用形态学算子进一步处理,以便消除噪声和内部空洞。实验结果如图 6.15 所示,首先采用了"开"操作进行噪声点滤除,然后采用"填充"操作进行内部空洞填充,最后采用"闭"操作对边缘区域进行扩充即得到粗检测目标区域。

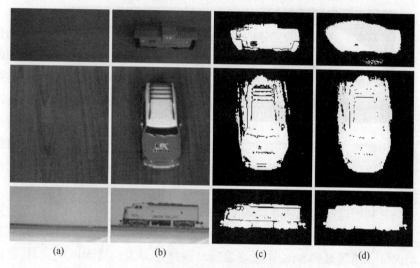

图 6.14　基于彩色分量能量分布的自动阈值"减背景"方法与灰度图像
"减背景"方法对比

(a) 背景图像;(b) 目标图像;(c) 灰度方法;(d) 本书方法。

在获得目标粗检测结果后,本书对这些目标区域进行了边缘检测实验。本书将引入灰度重心约束的 SUSAN 边缘检测算法与 Matlab 图像和视频处理工具箱中实现的 Canny 边缘检测算法、Sobel 边缘检测算法以及原有 SUSAN 边缘检测算法进行了对比。各算法的检测结果如图 6.16 所示,Canny 算法和 Sobel 算法能够勾勒出目标区域的大致边缘,在连续性较 SUSAN 算子差,它们检测出的边缘难以用于对目标轮廓的准确判断。SUSAN 算子具有较好的边缘检测性能,连续性好,适于对目标轮廓进行勾勒,便于对目标区域进行填充。从实验结果中可以看出,引入灰度重心约束的 SUSAN 边缘检测算法在原有 SUSAN 算法的基础上,滤除了较多的噪声点,边缘检测更加清晰明了。

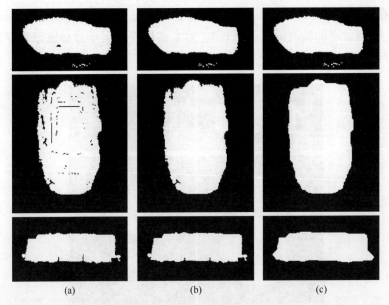

图 6.15 形态学细化处理结果

（a）"开"操作结果；（b）"填充"操作结果；（c）"闭"操作结果。

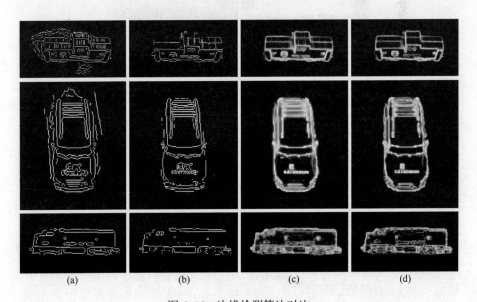

图 6.16 边缘检测算法对比

（a）Canny 边缘检测；（b）Sobel 边缘检测；（c）SUSAN 边缘检测；（d）增强 SUSAN。

在获得准确边缘信息后,我们采用空洞填充算法对边缘检测结果进行填充,得到最终的检测结果。图 6.17 为本书最终的运动目标区域以及提取的目标图像。

（a） （b）

图 6.17 基于改进 SUSAN 和"减背景"的运动目标检测结果

（a）精确目标区域；（b）目标图像。

在获得运动目标区域后,在后续的特征检测以及运动测量中,都可以仅对目标区域做处理,因而可以节省很大一部分的计算量。

▶ 6.4.2 三维运动测量实验与分析

本节实验使用两个 640×480@ 200fps 的 Grasshopper 相机和一个 1600×1200@ 15fps 的 Flea2 相机构成一个混合视觉系统,如图 6.18 所示,两个 Grasshopper 相机平行固定于一字型相机托架上构成一个双目相机,flea2 相机由一个 L 形相机托架固定于一字形托架上,三个相机镜头焦距均为 8mm 百万像素机器视觉镜头。

在配置好混合视觉系统后,使用 Matlab 工具箱标定算法标定得到混合视觉系统全部内外部参数,具体参数值见表 6.1 和表 6.2。

130

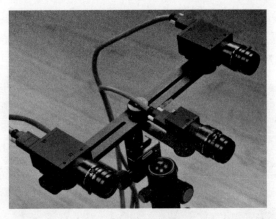

图 6.18　三相机混合视觉系统

表 6.1　内部参数标定值

相机	f_x	f_y	C_x	C_y	k_1	k_2	k_3	k_4	k_5
HS-L	1136.483	1141.988	362.556	212.608	−0.096	−0.002	−0.008	0.006	0.002
HS-R	1128.822	1133.678	358.498	216.101	−0.119	0.1251	−0.002	0.006	0.002
HR	1934.418	1940.736	841.506	568.600	−0.103	0.108	−0.002	0.006	0.003

表 6.2　相对外部相对参数标定值

相机-相机	om_x	om_y	om_z	T_x	T_y	T_z
HR-HS-L	−0.0101	0.0094	0.00812	−116.3760	1.4796	52.3548
HS-L-HS-R	−0.0062	0.0105	−0.0026	239.2121	1.2133	−2.9855

　　虽然我们的最终目的是在高分辨率相机曝光过程中控制双目相机进行连续拍摄以获得高分辨率相机的运动模糊点扩展函数,但是本章实验的重点是验证基于双目立体视觉的三维运动测量方法的有效性,因而本章中混合视觉系统曝光程序采用同步曝光的方法同时采集双目图像和高分辨率图像,并且在曝光时间内控制场景中物体不产生运动。这样采集到双目图像中物体的位置与高分辨率图像中物体的位置是严格对应的,在检测三维运动测量方法的有效性时,只需要将测量结果重投影到高分辨率图像中,就可以直观地得到测量方法的有效性。我们的测量方法是对连续视频帧的前后两帧图像进行测量的,为了验证本书算法的有效性,我们首先让目标静止于某处拍摄一组混合视觉图像,然后控制目标运动一段距离后再拍摄一组混合视觉图像,如图 6.19 所

示。在获得前后两组图像后,采用本书算法进行三维运动测量实验。实验环境如图 6.19 所示,实验平台为 MATLAB2010b,实验计算机配置为 Inter ® Core^{TW} 2 Duo T7500@ 2.20GHz,2G DDR2 667MHz。

图 6.19　三维运动测量实验设置

为了充分地说明本书算法的有效性与优越性,我们将本书方法与最小二乘法以及文献中方法进行了对比实验。本书选取如图 6.20 所示的一组实验图像说明本书的实验过程和方法对比。

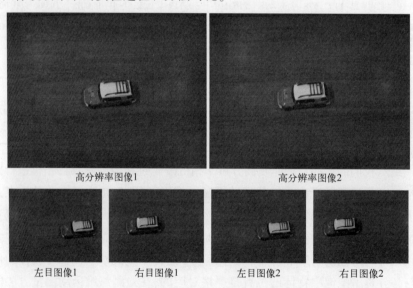

图 6.20　基于双约束条件 SIFT 特征匹配的三维运动测量实验图像

首先对比两种方法使用的特征点检测算法,文献[132]采用 Harris 算子进行特征点检测,具有一定的光照、噪声稳定性,但本书 SIFT 特征检测算子对旋转、尺度缩放、亮度变化保持不变性,对视角变化、仿射变换、噪声也保

持一定程度的稳定性,因而本书算法在特征检测和特征描述方面要优于文献[132]的特征检测方法。本书 SIFT 特征检测算法在实验中的参数设置如下:$|D(\hat{X})|$ 的选取过滤阈值设置为 0.08,最大特征值与最小特征值的比率 r 取 10,每个特征点的 SFIT 特征采用 $4 \times 4 \times 8$ 共 128 维特征向量来描述。Harris 特征点检测采用 MATLAB 自带的 corner 函数实现,参数为默认设置。特征检测结果如图 6.21 所示,每幅图像检测出的特征点数量见表 6.3。

图 6.21　SIFT 特征检测实验结果图像

表 6.3　SIFT 特征检测和 Harris 特征检测数量对比

检测方法	特征检测数量			
	左目图像 1	右目图像 1	左目图像 2	右目图像 2
SIFT 特征检测	123	122	145	156
Harris 特征检测	64	46	85	64

从表中数据可以看出,SIFT 特征检测算法较 Harris 特征点检测算法能够更好地描述像素点的差异,所得到的检测点数量要多于 Harris 特征点检测数量。

从图 6.21 和图 6.22 的特征点检测结果中可以看出,SIFT 特征检测算法得到的特征点基本覆盖了大部分目标区域包括一些直观平滑区域点,Harris 特征点检测结果中的特征点位置为灰度变化剧烈的角点。在获得各图像 SIFT 特征集后,我们对本书提出的基于双约束条件 SIFT 特征匹配的三维运动测量算法进行了实验验证。实验中,先后采用了文献[132]方法、最小二乘法[143]以及本书引入极线约束的 SIFT 匹配法对上文检测出的 SIFT 特征点集合进行匹配实验。其中,文献[132]方法采用标准化协方差相关函数作为匹配函数,在两幅图像检测出的 Harris 特征点集之间进行松弛匹配,模板窗口大小设为 3×3,阈值设为 0.95;最小二乘法在两幅图像的 SIFT 特征点集之间进行匹配,如果计算出的位移值小于 1 像素,则认为是一对匹配点;

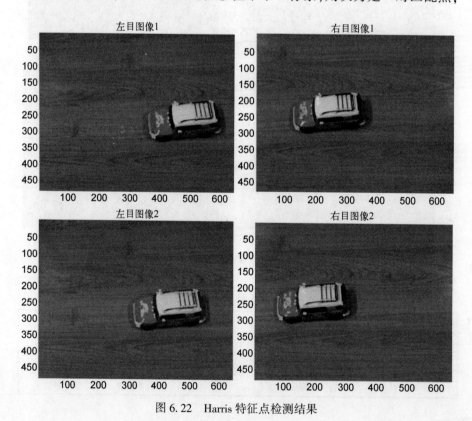

图 6.22　Harris 特征点检测结果

SIFT 特征匹配采用原文中的算法进行匹配。本书引入极线约束算法首先利用极线基础矩阵(式(6.46))确定距离极线小于 1.5 像素的特征点,然后对满足条件的特征点进行特征匹配。

$$F = \begin{bmatrix} -0.001842 & 0.226272 & -46.155397 \\ 0.155419 & 0.001892 & -796.421505 \\ -39.539625 & 459.073071 & 89714.172882 \end{bmatrix} \tag{6.46}$$

表 6.4 是本书引入极线约束的 SIFT 匹配算法与已有算法的时间效率对比。从表中数据可以看出,文献[132]采用松弛匹配方法需要进行迭代计算,没有采用约束条件对搜索空间进行优化,在 Harris 特征点数量较 SIFT 特征点数量小约 1/2 的情况下匹配时间仍需约 500ms,该方法的时间效率不够理想。最小二乘法每次匹配都需要进行迭代求解变换参数,而每次迭代都需要进行一次匹配区域的仿射变换,因而最小二乘法的消耗时间最长。SIFT 原有匹配算法在搜索过程中采用了 BBF 优化搜索策略,匹配时间较前两个方法降低很多。本书算法针对双目图像匹配问题,在搜索步骤中利用极线约束降低了搜索空间,较 SIFT 原文中方法具有更好的时间效率。

表 6.4　本书算法与已有算法的时间效率对比

图 像 序 列	时间/s			
	文 献 方 法	最小二乘法	SIFT 匹配	本 书 方 法
双目图像序列 1	0.4394	0.8423	0.0065	0.0048
双目图像序列 2	0.5029	0.9652	0.0072	0.0051

表 6.5 为上述几种方法的匹配率对比,匹配率计算公式:

$$\text{MatchRate} = \frac{N_{\text{matched}}}{\min(N_{\text{left}} - N_{\text{right}})} \tag{6.47}$$

式中:N_{matched} 为匹配点对数量;N_{left} 和 N_{right} 分别为左目和右目图像中特征点数量。从表 6.5 中数据可以看出,文献[132]方法在本书视差较大的实验图像中并没有表现出良好的匹配率。SIFT 匹配方法采用了 BBF 匹配策略,在匹配阈值 $K = 0.8$ 的情况下,由于匹配约束条件较为松弛,SIFT 匹配率达到了 100%。但这并不是最终理想的匹配结果,其中必定会存在误匹配的问题,需要进一步处理。最小二乘法在匹配率上与本书方法的匹配率具有较高的相似性,总结其中的原因,最小二乘法满足灰度线性变换和几何变换条件下的匹配,具有较高的适应性,而 SIFT 算子对旋转、尺度缩放、亮度变化保持不变性,对视角变化、仿射变换、噪声也保持一定程度的稳定性,因而两种算法均具有较高的匹配率。本书方法引入了极线约束条件滤除了一部分误匹配野值,因而本书方法的最终匹配率较最小二乘法匹配率低一些,但这并不影响后续三维运动测量。

表 6.5   匹配率对比

图 像 序 列	匹配率/%			
	文 献 方 法	最小二乘法	SIFT 匹配	本 书 方 法
双目图像序列 1	40.63	61.79	100	54.03
双目图像序列 2	42.19	64.23	100	55.74

图 6.23 和图 6.24 是没有采用极线约束的原有 SIFT 特征匹配结果,从结果中可以看出,SIFT 匹配出了大部分的特征点,但其中有一些误匹配(图中不平行的匹配点)。

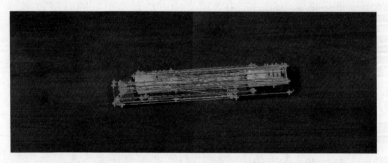

图 6.23   双目图像 1 在未采用极线约束情况下的匹配结果

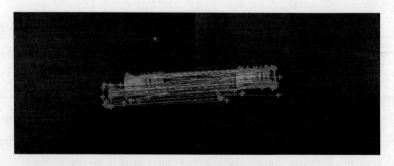

图 6.24   双目图像 2 在未采用极线约束情况下的匹配结果

图 6.25 和图 6.26 是本书引入极线约束的 SIFT 匹配结果。从图中看出,由于本书算法在 SIFT 特征匹配时加入了极线约束条件,有效滤除了原有 SIFT 匹配算法的匹配野值,可靠性大大提高。

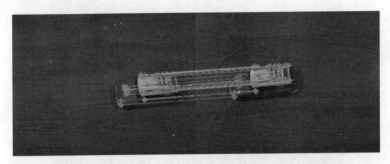

图 6.25 双目图像 1 采用本书极线约束搜索算法匹配结果

图 6.26 双目图像 2 采用本书极线约束搜索算法匹配结果

接下来的实验是针对运动匹配问题,本书算法中涉及前后帧之间基于 SIFT 立体特征的匹配和双目立体视觉的三维运动约束两个方面的问题。首先实验的是基于 SIFT 立体特征的运动匹配问题。我们将上一步立体匹配的实验结果按照式(6.35)进行立体特征匹配,匹配算法按照步骤 4 中描述方法执行,其中运动窗口设置为 50。实验匹配结果如图 6.27 所示,从图中可以看出匹配结果中包含一些匹配野值(未与绝大部分匹配线平行的匹配点对)。

图 6.28 是使用双目立体视觉模型计算每个点在第一帧时刻的世界坐标("＊"标记点)和第二帧时刻的世界坐标("＋"标记点),其三维运动向量即为二者连线。根据运动约束,可以判断图 6.28 中与其他运动向量的方向和长度不一致的匹配点为匹配野值。

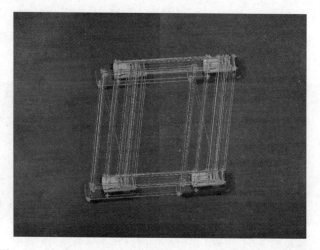

图 6.27　未采用运动约束情况下的 SIFT 立体特征运动匹配结果

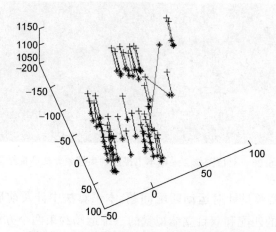

图 6.28　未采用运动约束的三维运动向量图

　　接下来采用算法步骤 5 中的运动约束方法滤除上面匹配结果中的野值。图 6.29 是采用 RANSAC 算法过滤后重新计算得到的立体-运动匹配图。与未采用运动约束的立体-运动匹配结果(图 6.27)相比,本书以运动约束条件为准则采用 RANSAC 算法有效地剔除了一部分错误匹配的野值,从图 6.29 所示的匹配结果中可以看出,本书算法具有较好的匹配效果。

　　图 6.30 是采用运动约束条件处理后使用双目立体模型计算出的目标三维运动向量图。从图中运动向量可以看出,采用本书方法获得的三维运动

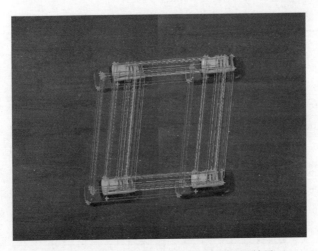

图 6.29　基于双约束条件 SIFT 特征匹配结果

向量在长度和方向上均具有较好的一致性。

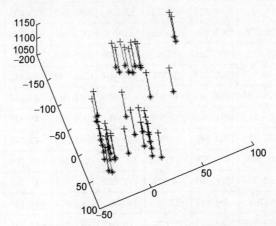

图 6.30　基于双约束条件 SIFT 特征匹配的三维运动向量图

　　表 6.6 中数据为本书算法最终获得的三维运动测量结果,起点坐标和终点坐标分别是匹配结果中第一帧和第二帧双目图像坐标经双目立体模型计算出的目标三维坐标,运动偏移量为终点坐标与起点坐标之差。运动偏移量的测量值均值为 $[-43.7816, 4.7872, -1.7065]$,标准差为 $[0.3039, 0.3045, 1.3077]$。测量标准差反映了本书算法的稳定性,X 方向和 Y 方向的测量误差约为 0.3mm,Z 方向的测量误差约为 1.3mm。

表 6.6　基于双约束条件 SIFT 特征匹配的三维运动测量结果

序号	起点坐标			终点坐标			运动偏移量		
	X	Y	Z	X	Y	Z	X	Y	Z
1	8.670	19.344	1066.393	-35.471	24.314	1065.642	-44.141	4.971	-0.751
2	66.930	-31.916	1092.172	23.324	-26.964	1089.730	-43.606	4.952	-2.441
3	-91.631	8.889	1096.191	-135.391	13.396	1096.129	-43.760	4.507	-0.061
4	-99.901	7.154	1099.094	-143.663	11.512	1098.049	-43.762	4.358	-1.046
5	-86.722	28.427	1091.583	-130.331	33.389	1088.646	-43.609	4.961	-2.936
6	-82.226	20.041	1092.320	-126.033	24.531	1090.944	-43.807	4.490	-1.377
7	44.510	-23.968	1083.735	0.777	-18.987	1081.438	-43.732	4.981	-2.298
8	-98.561	15.418	1095.551	-141.914	19.654	1093.677	-43.353	4.236	-1.874
9	-39.673	-23.410	1084.268	-83.549	-18.608	1082.201	-43.876	4.802	-2.067
10	-92.431	23.984	1092.969	-136.238	28.396	1090.828	-43.807	4.412	-2.141
11	-91.413	28.299	1089.470	-135.293	32.731	1088.875	-43.880	4.433	-0.595
12	-86.696	28.511	1091.321	-130.331	33.389	1088.646	-43.635	4.877	-2.675
13	-86.943	16.574	1091.632	-130.663	20.985	1092.862	-43.720	4.411	1.230
14	-103.736	65.731	1095.225	-147.920	70.442	1096.523	-44.184	4.710	1.297
15	67.765	-30.913	1089.713	23.324	-26.964	1089.730	-44.441	3.950	0.018
16	2.908	-29.373	1083.549	-40.630	-24.594	1081.048	-43.537	4.779	-2.501
17	10.918	2.246	1071.093	-32.908	7.341	1070.735	-43.827	5.095	-0.358
18	44.235	-28.515	1086.649	0.492	-23.520	1085.250	-43.742	4.994	-1.399
19	-33.277	48.343	1072.370	-77.386	53.110	1070.846	-44.109	4.766	-1.524
20	39.333	-22.780	1078.505	-4.374	-17.807	1076.574	-43.707	4.973	-1.931
21	10.790	9.766	1069.612	-33.363	14.485	1065.978	-44.153	4.720	-3.634
22	62.067	-33.343	1087.814	18.629	-28.047	1085.951	-43.438	5.296	-1.863
23	62.067	-33.343	1087.814	18.629	-28.047	1085.951	-43.438	5.296	-1.863
24	18.595	-24.373	1081.284	-25.040	-19.523	1078.878	-43.634	4.850	-2.405
25	24.226	-30.932	1081.479	-19.492	-25.852	1078.708	-43.718	5.080	-2.772
26	31.488	-25.403	1082.173	-12.111	-20.407	1079.402	-43.599	4.996	-2.770
27	36.806	-32.242	1081.144	-6.719	-27.373	1079.653	-43.525	4.869	-1.491
28	36.360	6.461	1069.703	-7.596	11.530	1067.475	-43.956	5.069	-2.228
29	18.650	-24.140	1080.149	-25.040	-19.523	1078.878	-43.690	4.617	-1.270
30	17.429	14.277	1066.234	-26.564	19.169	1062.699	-43.993	4.891	-3.535

（续）

序号	起 点 坐 标			终 点 坐 标			运 动 偏 移 量		
	X	Y	Z	X	Y	Z	X	Y	Z
31	30.591	12.731	1066.984	−13.392	17.702	1065.776	−43.983	4.971	−1.208
32	43.517	11.729	1068.591	−0.412	16.768	1066.869	−43.929	5.039	−1.722
33	−110.577	65.168	1100.994	−154.413	69.633	1099.416	−43.836	4.465	−1.578
34	10.499	−29.307	1080.305	−33.029	−24.393	1076.288	−43.528	4.914	−4.017
35	57.693	9.579	1070.355	13.725	14.677	1066.160	−43.967	5.099	−4.196
36	−34.244	−25.653	1077.134	−77.009	−21.418	1073.943	−42.765	4.235	−3.190
37	67.504	16.663	1072.102	23.495	21.669	1069.769	−44.009	5.006	−2.333
38	−42.359	28.022	1069.236	−86.372	32.947	1067.550	−44.013	4.925	−1.686
39	39.165	−9.491	1072.607	−5.253	−4.563	1072.786	−44.417	4.928	0.179
40	−24.873	1.598	1070.612	−68.311	6.161	1071.363	−43.439	4.563	0.751

为了进一步说明本书算法在混合相机运动模糊图像复原中的应用效果,本书将表 6.6 中起始点坐标和终点坐标分别通过重投影方法投影到高分辨率图像的第一帧和第二帧中,如图 6.31 和图 6.32 所示。从重投影图像与图 6.21 中的左、右目图像特征点图像对比可以看出,本书算法获得的运动匹配点重投影在高分辨率图像中与左、右目图像中所表示的特征点基本处于同一位置。为了定量化表达本书方法的准确性,本书对高分辨率图像进行了 SIFT 特征检测,使用 SIFT 匹配算法在双目运动测量结果和高分辨率图像的特征点之间进行了匹配。以匹配结果中高分辨率图像的特征点坐标为基准对重投影坐标进行投影误差分析,得到平均误差为[0.6231 0.5823]。这个结果同时也验证了本书基于立体–运动双约束 SIFT 立体运动测量方法在

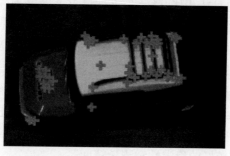

图 6.31　由双目图像 1 获得的立体匹配点到高分辨率图像 1 的重投影

三维运动检测应用中的有效性和检测精度。至此,整个算法的实验验证过程全部完成。

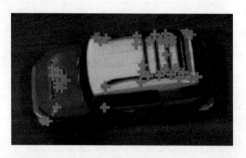

图 6.32　由双目图像 1 获得的立体匹配点到高分辨率图像 2 的重投影

6.5　小　　结

　　基于双目立体视觉的三维运动测量技术是当前计算机视觉和摄影测量领域的研究热点问题。本章总结了目前双目立体视觉技术的研究现状,在此基础上针对本书研究的运动模糊图像点扩展函数测量问题,在运动目标检测和双目运动测量两个方面进行深入研究,提出了一种基于改进 SUSAN 和"减背景"的运动目标检测算法和一种基于立体-运动双约束 SIFT 立体运动测量方法。基于改进 SUSAN 和"减背景"的运动目标检测算法利用基于彩色分量能量分布的自动阈值"减背景"方法和形态学算子获得粗检测目标区域后,采用引入灰度重心约束的 SUSAN 边缘检测算法进行目标边缘检测,最后采用内部空洞填充算法将边缘内部填充得到最终的精确目标区域。基于立体-运动双约束 SIFT 立体运动测量方法在仅在运动目标区域内进行运动测量,与全图测量算法相比,既减小了计算量又能够消除背景区域对运动测量结果的影响。测量算法以业内公认效果最好的 SIFT 特征描述算子作为运动测量特征点检测算子,该算子具有旋转、尺度缩放、亮度保持不变等特点,对视角变化、仿射变换、噪声也保持一定程度的稳定性,为匹配的可靠性提供了重要保证。算法在搜索匹配过程和误匹配消除过程分别采用了双目极线约束和立体-运动双约束条件对原有 SIFT 匹配算法进行了改进,既降低了匹配算法的搜索空间又提高了匹配结果的可靠性。实验表明本章算法与已有算法相比具有较好的稳定性和测量精度。

第 7 章
基于编码曝光和压缩感知的高速视频重建方法

高速视频摄像机在科学研究、工业检测、安全领域、军事、娱乐等多个方面都有着广泛的应用。随着信息技术的发展,成像设备的空间分辨率在不断的稳步提高。当前,普通的手机摄像头的分辨率已经达到 500 万~1500万,而数码相机的分辨率达到了 1200 万~1800 万像素甚至更高。然而,高速视频摄像机却仍然面临着许多的技术瓶颈,难以同时达到高的空间-时间分辨率。高速视频摄像机需要超高感光度的传感器和超大的数据带宽,这使得高速摄像机的价格变得非常昂贵。而近年来的发展趋势是制造商不断生产出更高空间分辨率的传感器,而且要求拍摄的帧率更高,这就迫使制造商家们不断研发更加复杂的读出电路以使得高速视频摄像机数据输出带宽更高。然而,复杂的读出电路会占用更多的传感器感光单元的有效感光面积,这就导致了相机更小的像素填充因子,从而降低了输出视频帧的信噪比,同时进一步增加了高速相机的制造成本。所以,达到同时的高空间-时间分辨率是高速视频摄像机发展的技术瓶颈。目前通常的做法是在拍摄时寻找平衡相机空间分辨率和时间分辨率的折中方案,也就是说,即使具有很高空间分辨率的高速相机在进行高速拍摄的时候也会选择主动降低空间分辨率以控制数据输出带宽的要求。例如价值 30 万美金的高速视频摄像机 Phantom v710 在拍摄帧率为 7530 帧/s 时的空间分辨率为 1280×800,而当拍摄帧率提高到 215600 帧/s 时空间分辨率就只有 $128\times128^{[89]}$。事实上,高速视频数据存在着非常大的空间冗余和时间冗余,而当前的高速视频成像系统并没有充分利用这些冗余来降低数据带宽的要求。

最近,计算摄影和压缩感知理论的发展为构建新的高速视频成像系统创造了新的可能,也涌现了一系列创新的设备和模型。比如,一些研究者们尝试使用多个低帧率的普通相机组成相机阵列来实现高速成像[81-83,89]。虽然使用相机阵列可以获得较高质量的高速视频帧,但使用相机阵列的方法同样面临着诸多硬件方面的挑战:首先是增加了系统成本;其次为了保证多相机的精确同步,相机阵列的精确校正是一个关键难题;再次,相机阵列系统很难实现小型化、易移动的要求,难以达到很多现实场景的应用要求。还有一些研究者们通过搭建可以进行单像素编码曝光控制的成像系统去拍摄低帧率的编码视频信号,然后通过稀疏重建技术从这些低帧率编码视频中构建出最终想要获得的高速视频帧[8,90,93]。单像素编码曝光成像系统具有强大的高速视频成像能力,而且即使对于复杂的拍摄场景也能获得比较大的压缩比例。然而,单像素编码曝光成像系统的构建需要特殊硬件的支持,如现在常用的 LcoS 器件(Liquid Crystal on Silicon,LCoS)或者数字微镜阵列(Digital Micromirror Array,DMD),都难以用在小型化的商业相机上面[93]。目前来讲,硬件的实现对于单像素编码曝光控制技术仍然是一个挑战,而现在使用的硬件设备在一定程度上背离了当前商业级相机的设计理念[88]。

充分考虑到在现代传感器设备上的易实现性,本书进一步探索了使用单个编码曝光相机实现高速视频帧重建的可能性。实际上,当前编码曝光成像技术已经被一些商业级和科研级的相机所支持。考虑到高速视频信号在空间维度和时间维度上的冗余度存在很大差别,本书提出使用克罗内克积构建三维双曲线小波基来同时稀疏表示高速视频信号的空间冗余和时间冗余。基于不同尺度的分解,双曲线小波基可以同时建模高速视频各个维度上不同的信号结构,正好迎合了高速视频信号在空间维和时间维具有不同平滑度的本质属性。为了进一步提高重建的高速视频帧的质量,本书充分利用了 ℓ_1 凸优化模型可以增添先验知识的特点,在重建模型中结合了高速视频帧间相关性的全变分去进一步建模视频的时间冗余。最后通过最小化一个凸优化问题的解实现了从低帧率的编码曝光图像序列中重建出被拍摄场景的高质量的高速视频帧。仿真和真实图像实验的结果同时证明了本书方法的有效性。

　　Holloway 等也提出过使用单个编码曝光相机实现高速视频帧重建的方法[88]。然而,他们的方法只利用全变分方法对视频信号时间维度上的冗余进行建模,没有考虑视频信号的空间冗余。因此,该方法的高速视频重建能力比较有限。使用双曲线小波来同时稀疏表示高速视频信号的空间维和时间维冗余的想法来自于文献[144]。他们利用双曲线小波探讨了多维信号压缩的问题,而本书基于双曲线小波利用单个编码曝光相机实现高速视频信号的重建。

7.1　编码曝光相机的编码采样过程

　　编码曝光设计的最初目的是用于对作匀速直线运动的物体产生的模糊图像进行运动去模糊。单幅编码曝光图像中能够提取的运动信息毕竟是很有限的,所以基于编码曝光技术的运动去模糊方法一般限定于被拍摄目标作匀速直线运动[15]或者能够用固定参数表示的运动形式(如谐振运动或者匀加速运动等)[122]。因此,为了能够得到更多的运动信息,本书利用编码曝光相机进行连续拍摄,得到多帧编码曝光图像,其中每帧编码曝光图像使用不同的随机二进制码字。这样以来,每帧编码曝光图像相当于是对应时间段的目标高速视频帧在时间维度上的一个线性组合。本书的编码采样过程如图 7.1 所示。

　　假设目标高速视频信号 f 具有 N 帧,其中每帧视频为空间分辨率 $m \times n$ 的二维图像,这里标记为 f_t,那么通过本书提出的编码采样过程,每帧编码视频是使用码字 $\boldsymbol{b}_k = (b_{k,1}, b_{k,2}, \cdots, b_{k,L}), k=1,2,\cdots,K$,对连续 L 帧目标高速视频的线性叠加过程,即

$$y_k = \sum_{t=1}^{L} b_{k,t} \boldsymbol{f}_{(k-1)L+t} + \boldsymbol{\eta}_k, k = 1, 2, \cdots, K \tag{7.1}$$

式中:$y_k \in \mathbb{R}^{m \times n}$ 为第 k 帧编码视频;$\boldsymbol{b}_k \in \mathbb{R}^{1 \times L}$ 为第 k 次编码曝光使用的随机码字;$\boldsymbol{\eta}_k \in \mathbb{R}^{m \times n}$ 为对应的测量噪声。那么经过整个编码采样过程,就可以得到一个低帧率的编码视频片段:

$$\boldsymbol{y} = (\boldsymbol{y}_1, \boldsymbol{y}_2, \cdots, \boldsymbol{y}_K) \tag{7.2}$$

很明显,$\boldsymbol{y} \in \mathbb{R}^{m \times n \times K}$,且其中 $K = N/L$。

　　设 $\boldsymbol{y}(u,v)^{\mathrm{T}} = (\boldsymbol{y}_1(u,v), \boldsymbol{y}_2(u,v), \cdots, \boldsymbol{y}_K(u,v))^{\mathrm{T}}$ 表示沿着编码视频序列的时间维度空间位置为 (u,v) 的连续像素序列,表示为列向量;同时设 $f(u,$

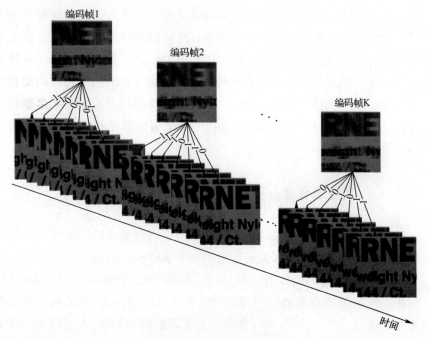

图 7.1　本书编码采样过程

$v)^{\mathrm{T}}=(\boldsymbol{f}_1(u,v),\boldsymbol{f}_2(u,v),\cdots,\boldsymbol{f}_N(u,v))^{\mathrm{T}}$ 为目标高速视频中对应时间维、对应空间位置的连续像素序列,也表示为列向量,则沿着其中一个时间维上的编码采样过程可以写成

$$\boldsymbol{y}(u,v)^{\mathrm{T}}=\boldsymbol{B}_{K\times N}\boldsymbol{f}(u,v)^{\mathrm{T}}+\boldsymbol{\eta}(u,v)^{\mathrm{T}} \tag{7.3}$$

其中,$\boldsymbol{\eta}(u,v)^{\mathrm{T}}=(\boldsymbol{\eta}_1(u,v),\boldsymbol{\eta}_2(u,v),\cdots,\boldsymbol{\eta}_K(u,v))^{\mathrm{T}}$ 为噪声项。$\boldsymbol{B}_{K\times N}$ 是一个对角分块矩阵,对角线上的每个分块分别对应着 K 次曝光过程中使用的 K 个随机码字,结构如下:

$$\boldsymbol{B}_{K\times N}=\begin{bmatrix} \boldsymbol{b}_1 & \boldsymbol{0}_{1\times L} & \cdots & \boldsymbol{0}_{1\times L} \\ \boldsymbol{0}_{1\times L} & \boldsymbol{b}_2 & \cdots & \boldsymbol{0}_{1\times L} \\ \vdots & \vdots & & \vdots \\ \boldsymbol{0}_{1\times L} & \boldsymbol{0}_{1\times L} & \cdots & \boldsymbol{b}_K \end{bmatrix} \tag{7.4}$$

设 $\mathrm{vec}(\boldsymbol{y})$ 表示拍摄得到的低帧率的编码视频序列 $\boldsymbol{y}$ 的向量化形式,即把三维的编码视频信号 $\boldsymbol{y}$ 的所有 $m\times n\times K$ 个像素按照时间维-垂直 y 轴-水平 x 轴的顺序放到单一的列向量 $\mathrm{vec}(\boldsymbol{y})$ 中。同样令 $\mathrm{vec}(\boldsymbol{f})$ 表示目标高速视频 $\boldsymbol{f}$ 的向量化形式,则可以得到

$$\text{vec}(\boldsymbol{y}) = \boldsymbol{\Phi}\,\text{vec}(\boldsymbol{f}) + \text{vec}(\boldsymbol{\eta}) \tag{7.5}$$

其中, $\boldsymbol{\Phi} \in \mathbb{R}^{mnK \times mnN}$ 为整个编码采样过程的测量矩阵,形式如下:

$$\boldsymbol{\Phi} = \begin{bmatrix} \boldsymbol{B}_{K \times N} & \boldsymbol{0}_{K \times N} & \cdots & \boldsymbol{0}_{K \times N} \\ \boldsymbol{0}_{K \times N} & \boldsymbol{B}_{K \times N} & \cdots & \boldsymbol{0}_{K \times N} \\ \vdots & \vdots & & \vdots \\ \boldsymbol{0}_{K \times N} & \boldsymbol{0}_{K \times N} & \cdots & \boldsymbol{B}_{K \times N} \end{bmatrix} \tag{7.6}$$

从式(7.5)可以看出,方程组中未知变量的个数是远远大于方程个数的,也就是说方程(7.5)具有无穷多个解。那么,基于式(7.5)从采样得到的低速编码视频 $\boldsymbol{y}$ 中恢复重建目标高速视频 $\boldsymbol{f}$ 将是一个严重的欠定问题。如果不增加对目标视频信号的先验知识或者对采样过程的约束,从式(7.5)中重建目标高速视频信号是无法实现的。对目标高速视频信号最常采用的先验知识就是当目标高速视频信号在合适的稀疏基下进行表示的时候得到的变换系数是稀疏的或者近似稀疏的。

7.2　高速视频重建

▶ 7.2.1　高速视频的非对称结构

高速视频数据含有严重的空间-时间冗余,受压缩感知理论的启发,本书决定充分利用高速视频数据冗余这一先验知识将式(7.5)转化成一个凸优化问题,然后通过最小化凸优化问题的解来实现对高速视频信号的稳定重建。关于视频数据最常用的先验知识为当高速视频数据在适当的变换基下表示的时候其表示系数是稀疏的或者近似稀疏的,如离散小波变换、离散傅里叶变换或者离散余弦变换等。稀疏是指信号的绝大部分数据取值为 0 或者取值很小,只有很少部分取值较大。本书的研究重点在于如何使用小波变换更好的表示高速视频信号。目前,小波变换被广泛地应用于自然图像和视频的稀疏表示中。视频数据的小波变换通常有两种方式:一种是对视频中的每一帧分别作二维小波变换,不考虑视频数据的时间冗余;另一种是使用三维各向同性小波同时稀疏表示视频数据的空间冗余和时间冗余。相对第一种方式,使用各向同性小波对视频数据作稀疏表示一般系数更加稀疏,结果也更好,因为在作小波变换的过程中考虑到了视频数据具有很大的时间冗余这一固有属性。然而,使用各向同性小波对视频数据进行稀疏表示在许多情况下并不能达到预期的效果[145,146],因为三维视频数据在各个维度上的平滑度并不是一致的,尤其对于高速视频数据来说,这种非对称的数据结构更加明显。由于高速视频中每帧图像的曝光时间极短,其数据在时间维度上的冗余一般远大于空间维度上的冗余。

本书从 Sankaranarayanan 等人[92]提供的两组由真实高速摄像机拍摄的高速图像序列集合"card_mons"和"PendCar_lowres"中分别选取了前 250 幅图像,图像分辨率为 256×256;从 Amit Agrawal 等人提供的真实高速图像序列集"Moving ISO Resolution Chart"中选取前 100 幅图像(为方便比较,选取中间 256×256 部分)。分别计算这 3 组高速图像序列沿着水平方向、垂直方向和时间轴方向上的平均标准差,其相应结果见表 7.1。平均标准差的计算方法是:以水平方向为例,对高速图像序列中的每帧图像中的每一行分别计算其标准差,最后求取平均值。从表 7.1 可以看出,高速视频在时间轴方向上的平均标准差远远小于其在水平方向和垂直方向上的平均标准差。说明相对于空间冗余,高速视频在时间维上的冗余更多。所以,当使用三维小波变换处理高速视频数据时,对于时间维上的变换尺度应该有别于其在空间维度上的变换尺度,也就是说使用各向异性小波变换将更为合理。

表 7.1　高速图像序列沿水平方向、垂直方向和时间方向的平均标准差

	水 平 方 向	垂 直 方 向	时 间 方 向
card_mons	64.797	69.894	15.726
PendCar_lowres	40.991	35.583	4.661
Moving ISO Resolution Chart	28.733	28.962	11.043

理想情况下,我们应该寻找一种能够同时兼顾到高速视频信号各个维度上不同结构特征的小波基。实际上,多维信号经常在每个维度上透漏出一些特有的模式信息,每种维度的模式信息可以被一种变换基很好地稀疏表示。通过对所有这些维度模式下的变换基求取克罗内克积可以得到一个各向异性的稀疏基,则能很好地对多维信号进行稀疏表示[147,148]。比如,目前多数流行的对二维自然图像的稀疏变换的步骤是首先对图像进行行变换然后再进行列变换,这种情况下就可以求取图像行变换基和列变换基的克罗内克积,以构建一个整体的稀疏基,然后用这个整体的稀疏基对自然图像的向量化形式进行稀疏变换。接下来本书的描述将可以清晰地展示克罗内克积为构建多维信号稀疏基提供了一种自然的手段。

▶ 7.2.2　基于克罗内克积构建稀疏基

对于给定的两个矩阵 $A \in \mathbb{R}^{P \times Q}$ 和 $B \in \mathbb{R}^{R \times S}$,其克罗内克积 $A \otimes B \in \mathbb{R}^{PR \times QS}$ 定义为

$$A \otimes B = \begin{bmatrix} a_{11}B & \cdots & a_{1Q}B \\ \vdots & & \vdots \\ a_{P1}B & \cdots & a_{PQ}B \end{bmatrix} \tag{7.7}$$

对三维视频信号 $f \in \mathbb{R}^{m \times n \times N}$,其每个元素的读取都由三个维度的索引共同决定,比如元素 $f(i,j,t)$,其中前两个索引 (i,j) 指示了该元素的空间位置,第三个索引 t 对应着该元素在时间轴上的位置。三维视频信号 f 的模式$-d$ 向量被定义为固定三维视频信号其他两个维度上的索引,然后顺序取值第 d 个维度上的索引读取的像素值组成的向量,这里 $d \in \{1,2,3\}$。三维视频数据的结构分解如图 7.2 所示。比如,视频 f 的模式-3 向量可以定义为 $f_{i,j,\cdot}$ $=[f(i,j,1),f(i,j,2),\cdots,f(i,j,N)]$,这里 i、j 取固定值。默认的视频数据的向量化形式是把所有的模式-1 向量顺序组合起来压栈到一个列向量中。然而,由于本书是沿着视频数据的时间轴方向进行编程采样,因此本书中的视频向量化形式定义为将所有模式-3 向量压栈到一个列向量中。

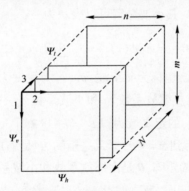

图 7.2　三维视频数据结构及每个维度上的基分解示意图

通过式(7.7)中关于克罗内克积的定义,可以发现式(7.6)定义的测量矩阵可以写成如下形式:

$$\boldsymbol{\Phi} = \boldsymbol{I}_{mn} \otimes \boldsymbol{B}_{K \times N} = \boldsymbol{I}_{mn} \otimes [\text{blkdiag}(\boldsymbol{b}_1, \boldsymbol{b}_2, \cdots, \boldsymbol{b}_K)] \tag{7.8}$$

式中:$\boldsymbol{I}_{mn}$ 表示大小为 $mn \times mn$ 的单位矩阵;$\text{blkdiag}(\cdot)$ 表示分块对角矩阵算子。

更一般的,对于 N 维信号 $\boldsymbol{X} \in \mathbb{R}^{I_1 \times I_2 \times \cdots \times I_N}$,假设每个模式-$d$ 向量在变换基 $\boldsymbol{\Psi}_d$ 下是稀疏或者近似稀疏的(这里 $d \in \{1, 2, \cdots, N\}$),则由克罗内克积可以得到 $\boldsymbol{X}$ 的克罗内克稀疏基为[148]:

$$\boldsymbol{\Psi} = \boldsymbol{\Psi}_N \otimes \cdots \otimes \boldsymbol{\Psi}_2 \otimes \boldsymbol{\Psi}_1 \tag{7.9}$$

有了 $\boldsymbol{X}$ 的克罗内克稀疏基,则 $\boldsymbol{X}$ 的向量化形式则可以由一个整体的变换得到其稀疏表示,即

$$\text{vec}(\boldsymbol{X}) = \boldsymbol{\Psi}^{\text{T}} \text{vec}(\boldsymbol{\theta}) = (\boldsymbol{\Psi}_N \otimes \cdots \otimes \boldsymbol{\Psi}_2 \otimes \boldsymbol{\Psi}_1)^{\text{T}} \text{vec}(\boldsymbol{\theta}) \tag{7.10}$$

其中,$\text{vec}(\boldsymbol{\theta})$ 表示稀疏表示系数的向量化形式。

对于本书特定的高速视频信号重建,由克罗内克积可以得到

$$\text{vec}(\boldsymbol{f}) = (\boldsymbol{\Psi}_h \otimes \boldsymbol{\Psi}_v \otimes \boldsymbol{\Psi}_t)^{\text{T}} \text{vec}(\boldsymbol{\theta}) \tag{7.11}$$

其中,$\boldsymbol{\Psi}_h$、$\boldsymbol{\Psi}_v$ 和 $\boldsymbol{\Psi}_t$ 分别表示水平方向、垂直方向和时间方向上的一维变换基。

▶ 7.2.3　曲线小波基

视频信号可以被小波变换更加紧凑的稀疏表示,因为相对基于正弦-余弦变换的基函数(如离散傅里叶变换或离散余弦变换),使用小波基去表示视频数据中的非连续结构时所需要的基函数会大幅减少。对长度为 2^n 的一维信号 $f(t), t \in [0, 1]$,其小波分解可以表示为

$$f(t) = c_{00} \phi(t) + \sum_{j=0}^{n-1} \sum_{k=0}^{2^{j}-1} d_{jk} \psi_{jk}(t) \tag{7.12}$$

式中:$\phi(t)$ 为缩放函数,也称为父小波;$\psi_{jk}(t)$ 为尺度为 j、平移位置为 k 的小波函数,也称为母函数。缩放系数 c_{00} 和小波系数 d_{jk} 一起组成了最后的小波变换系数;小波函数 ψ_{jk} 的定义域为 $[k2^{-j}, (k+1)2^{-j}]$。如果把式(7.12)写成矩阵-向量的形式则得到 $x = \boldsymbol{\Psi} \boldsymbol{\theta}$,那么这里的 $\boldsymbol{\Psi}$ 是缩放尺度为 $1, 2, \cdots, n$ 的缩放函数和小波函数的矩阵,$\boldsymbol{\theta}$ 是由缩放系数和小波系数组成的小波变换系数向量,形式为 $\boldsymbol{\theta} = [c_{00}, \psi_{00}, \psi_{10}, \psi_{11}, \psi_{20}, \cdots]^{\text{T}}$。

从表7.1可以看出,高速视频信号的平均标准差在水平方向和垂直方向上是非常接近的,也就是说常用的二维各向同性小波用于自然图像变换时一般是足够的。但是对于视频,尤其是对于时间冗余远大于空间冗余的高速视频信号来说,在各个维度各个尺度上都取相同参数的三维各向同性小波稀疏表达能力是远远不够的。因此,先前的基于三维各向同性小波系数正则化的方法去解式(7.5)的欠定问题,所得到高速视频重建质量一般较

差。一些研究者们尝试依靠运动信息作为先验知识来稀疏表达视频信号的时间冗余[8,92]，如光流法。这类方法的主要问题在于视频中的运动信息在视频获取之前是未知的参数，所以要想获得运动信息，一般需要使用耗时的循环迭代的估计方法。

为了解决上面提到的技术难题，本书提出使用克罗内克积构造三维双曲线小波基来同时稀疏表达高速视频信号三个维度的冗余。三维双曲线小波基可以简单地定义为 3 个一维小波基的克罗内克积，如下：

$$\boldsymbol{\psi}_{j_1,j_2,j_3,k_1,k_2,k_3} = \boldsymbol{\psi}_{j_3,k_3} \otimes \boldsymbol{\psi}_{j_2,k_2} \otimes \boldsymbol{\psi}_{j_1,k_1} \tag{7.13}$$

其中，$(j_1,j_2,j_3) \in \mathbb{N}^{*3}$，$(k_1,k_2,k_3) \in \mathbb{Z}^3$。三维双曲线小波基是 3 个不同尺度的一维小波基的所有可能组合形式的克罗内克积，而三维各向同性小波基可以看作是 3 个相同尺度的一维小波基的克罗内克积，也就是说若式(7.13)中 $j_1 = j_2 = j_3$，则构造出来的小波基为三维各向同性小波基。

▶ 7.2.4　考虑帧间相关性的重建模型

经过对高速视频数据非对称结构的讨论以及构造的三维双曲线小波基 $\boldsymbol{\Psi}$ 可知，当使用 $\boldsymbol{\Psi}$ 表示高速视频信号 $\text{vec}(f)$ 时，变换系数 $\text{vec}(\boldsymbol{\theta}) = \boldsymbol{\Psi} \cdot \text{vec}(f)$ 中的元素将绝大多数都为零或者近似为零。根据 Donoho 等人的压缩重建理论[16,17,19]，通过求解以下的 ℓ_1 范数优化问题，稀疏表示系数 $\text{vec}(\boldsymbol{\theta})$ 可以被接近 100% 的概率估计出来：

$$\text{vec}(\hat{\boldsymbol{\theta}}) = \arg\min_{f} \|\boldsymbol{\Psi} \cdot \text{vec}(f)\|_1, \text{ s.t. } \|\boldsymbol{\Phi}\text{vec}(f) - \text{vec}(y)\|_2 \leq \sigma$$

$$\tag{7.14}$$

其中，σ 表示测量误差的方差。

Zhang 证明了在 ℓ_1 范数优化解码模型中引入全变分正则化项后的解依然保持收敛，同时在理论上证实了加入先验知识不但不会破坏原来的重建结果，反而会进一步增强 ℓ_1 范数最优化的质量[149]。由于高速视频中每帧图像的曝光时间很短，因此表现出来的时间冗余远远大于空间冗余。这种情况下，高速视频帧的时间相关性将非常大，其相应的全变分会非常稀疏。同样基于克罗内克积，本书将高速视频数据在时间维上的全变分定义为

$$\|f\|_{\text{TV}} = \|(\boldsymbol{I}_{mn} \otimes \boldsymbol{\nabla}_t)\text{vec}(f)\|_1 \tag{7.15}$$

其中，$\boldsymbol{\nabla}_t$ 表示沿着时间维度的一阶差分算子，形式如下：

$$\boldsymbol{\nabla}_t = \begin{bmatrix} 1 & 0 & 0 & \cdots & 0 \\ -1 & 1 & 0 & \ddots & \vdots \\ 0 & -1 & 1 & \ddots & 0 \\ \vdots & \ddots & \ddots & \ddots & 0 \\ 0 & \cdots & 0 & -1 & 1 \end{bmatrix} \tag{7.16}$$

将高速视频数据时间维上的全变分非常稀疏这一先验知识加入到式(7.14)的 ℓ_1 范数优化模型中,结合 $\boldsymbol{\Psi} = \boldsymbol{\psi}_h \otimes \boldsymbol{\psi}_v \otimes \boldsymbol{\psi}_t$,则得到本书的高速视频重建模型,如下:

$$
\begin{aligned}
\mathrm{vec}(\hat{\boldsymbol{\theta}}) &= \arg\min_{f} \| (\boldsymbol{\psi}_h \otimes \boldsymbol{\psi}_v \otimes \boldsymbol{\psi}_t)\, \mathrm{vec}(\boldsymbol{f}) \|_1 + \mu \| \boldsymbol{f} \|_{\mathrm{TV}} \\
\mathrm{s.\,t.} \quad & \| \boldsymbol{\Phi} \mathrm{vec}(\boldsymbol{f}) - \mathrm{vec}(\boldsymbol{y}) \|_2 \leqslant \sigma
\end{aligned} \tag{7.17}
$$

其中,μ 是控制全变分正则化项权重的参数,在本书所有的高速视频重建实验中,μ 和 σ 分别被固定为 $\mu = 0.5, \sigma = 0.1$。

7.3 实验结果与分析

▶ 7.3.1 仿真实验

这里首先通过仿真实验来验证本书所提方法的有效性。利用式(7.1)描述的编码采样方法,由 Amit Agrawal 提供的 1000 帧/s 的高速视频图像序列"Moving ISO Resolution Chart"来仿真低帧率的编码曝光图像序列。为简单起见并且不失一般性,仿真前将"Moving ISO Resolution Chart"图像序列剪切成分辨率大小为 256 像素×256 像素,像素值标准化为 [0 255]。图 7.3(b),(c)是分别使用本书方法和 Holloway 方法重建得到的 8 倍时间分辨率的高速视频帧(图像序列中第 56 帧)。从图中可以看出,两种方法得到的高速视频帧都比较清晰,峰值信噪比 PSNR 也较高,且比较接近。图 7.3(d),(e)是分别使用本书方法和 Holloway 方法重建得到的 16 倍时间分辨率的高速视频帧(同样第 56 帧)。虽然该原始视频帧中含有丰富的纹理和细节信息(尤其是中间部分),通过本分方法得到的重建高速视频帧依然足够清晰,可以分辨这些细节信息。比较图 7.3(e)中的结果,可以看出本书方法明显优于 Holloway 方法。因为 Holloway 方法的重建方法只对高速视频数据的时间冗余进行建模,没有考虑空间冗余这一先验知识,所以当需要重建更高速度的视频帧率时,其视频重建质量下降很快,而本书方法在时间分辨率放大倍数为 16 的情况下依然可以保持较高质量的重建效果。图 7.3 (f)中的细节图像分别是图 7.3(d),(e)中矩形框区域的放大效果。从这些细节信息的对比上更能看出本书方法的优越性。

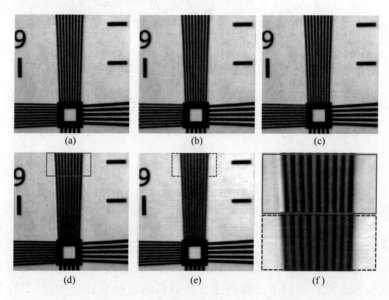

图 7.3　"Moving ISO Resolution Chart"图像序列重建仿真实验
(a)原始高速视频帧;(b) 本书方法 8 倍重建;(c)Holloway 方法 8 倍重建;
(d) 本书方法 8 倍重建;(e) Holloway 方法 8 倍重建;(f)局部放大效果图。

本书分别抽取了使用本书方法和 Holloway 方法在时间分辨率重建倍数为 8 和 16 的情况下获得的前 64 帧高速图像序列,然后计算每幅重建图像的 PSNR 值,对应结果如图 7.4 所示。在 8 倍时间分辨率因子的情况下,本书方法重建视频帧的 PSNR 值在 34 dB 附近波动,而 Holloway 方法重建视频帧的 PSNR 值在 33 dB 附近波动,说明两种方法此时的重建质量比较接近。当要求重建的时间分辨率倍数提高到 16 时,本书方法重建视频帧的 PSNR 值在 29 dB 附近波动,而 Holloway 方法重建视频帧的 PSNR 值在 22.5 dB 附近波动。从这个结果就可以看出,随着要求重建的时间分辨率倍数的提高,Holloway 方法重建视频帧的质量下降速度明显快于本书方法。这也印证了 ℓ_1 稀疏重建中提到的:如果能把需要重建的数据表达的越稀疏则最后的重建质量就越好。

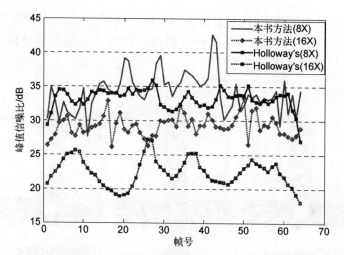

图 7.4 使用本书方法和 Holloway 方法得到的重建图像序列前 64 帧的 PSNR 值

▶ 7.3.2 曲线小波先进性测试及 TV 正则化项的增益

本节实验的目的有两个：一是在重建模型(7.17)中分别使用不同的稀疏表示基，且不引入全变分正则化项，即设 $\mu=0$，通过高速视频帧的重建质量来比较各个稀疏基对于三维高速视频数据的稀疏表达能力；二是在重建模型中重新引入全变分正则化项，来观察高速视频帧的重建质量是否会进一步提高。这里基于式(7.1)的编码采样过程使用高速图像序列集合"card_mons"来仿真低速编码视频帧作为本书重建模型的输入项。"card_mons"图像序列集的帧率为 250 帧/s，其中每帧图像的空间分辨率为 256×256。

在第一个实验中，设置 $\mu=0$，即不使用全变分正则化项，只使用三维变换基来稀疏表示高速视频的空间-时间冗余。图 7.5(b)~(e)为时间分辨率重建倍数为 16 的情况下，在重建模型(7.17)中分别使用三维离散傅里叶变换、三维离散余弦变换、三维各向同性小波变换以及三维双曲线小波变换得到的重建高速视频帧(第 11 帧)。很明显可以看出，图 7.5(e)最清晰。也就是说，在重建模型中使用双曲线小波基时得到的重建高速视频帧的视觉质量最好，这就证实了本书提出的使用克罗内克积构造三维双曲线小波基来对高速视频数据进行稀疏表达是正确的，而且表现出来更强大的稀疏表达能力。图 7.5(b)~(e)的 PSNR 值分别为 20.24dB、19.53dB、17.34dB 以及 22.40dB，数值比较的结果和视觉质量的比较结果也是一致的。事实上，图 7.5(e)的重建效果仍然存在些许缺陷，可以看到在图 7.5(e)的边缘部分

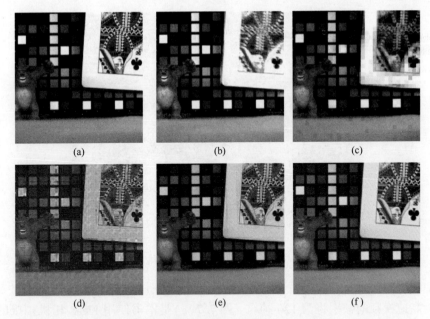

图 7.5　基于不同稀疏表示基的重建效果对比以及 TV 正则化项增益测试
(a) 原始高速视频帧;(b)3D DFT;(c)3D DCT;
(d) 3D 各向同性小波;(e) 3D 双曲线小波;(f)3D 双曲线小波+TV 正则化项。

存在着一些振铃效应,尤其是图中纸牌部分的边缘部位振铃比较明显。因此,图 7.5(e)的 PSNR 只能达到 22.40dB。

　　图 7.5(f)为在重建模型中引入全变分正则化项后,使用三维双曲线小波基的重建结果,时间分辨率重建倍数依然为 16。和图 7.5(e)相比,振铃效应明显地减少了。图 7.5(f)的 PSNR 值达到了 27.49dB,相比图 7.5(e),引入全变分正则化项后,PSNR 值提高了将近 5dB。可见,在 ℓ_1 重建模型中进一步引进时间冗余的正则化项的确可以有效提高视频帧的重建质量。

▶ 7.3.3　真实数据实验

　　为了进一步测试本书所提出的高速视频采集系统的实用性,本书基于真实的编码曝光相机 Point Grey Flea2 去捕获快速运动的目标。Flea2 相机工作在"IEEE DCAM Trigger mode 5"下,支持编码曝光动能。为了提高触发信号的精度,本书使用 Arduino 微控制芯片来提高外部触发信号,这里的实验装置如图 7.6 所示。

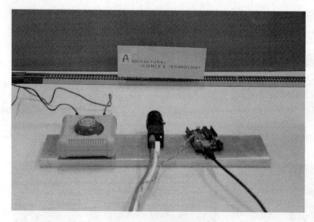

图 7.6　实验装置

Flea2 相机在编码视频拍摄模式下的最大帧率为 7.5 帧/s,本部分实验中使用的随机二进制码字长度为 16,也就是说使用本书重建模型重建出来的高速视频的帧率将为 120 帧/s。图 7.7(a)是本书使用 Flea2 相机拍摄的其中一帧编码曝光图像。可以看出,由于拍摄目标相对相机距离较近,相对运动速度较大,使用 7.5 帧/s 的帧率拍摄出来的图像是比较模糊的。为简单起见且不失一般性,本书选择编码曝光图像序列中的一块固定的纹理信息比较丰富的区域作为本书重建模型需要输入的低帧率编码图像序列,如

图 7.7　真实高速视频重建实验

图 7.7(b)所示。图 7.7(c)~(e)是从重建结果中随机选取出来的重建高速视频帧(分别为第 2 帧、第 12 帧和第 18 帧),从图中可以看出,经过重建得到的帧率为 120 帧/s 的视频数据在视觉效果上比较清晰,图像中的边缘部位也更加锐利,证实了本书重建模型的有效性和实用性。

▶ 7.3.4　实验细节说明

本书实验使用 Rice 大学的 Rice Wavelet Toolbox(RWT)工具箱[150]来构造所需要的小波基,其中小波函数采用 Daub-8 小波。考虑到运算的复杂度和计算机的内存处理能力,本书将输入图像序列分割成分辨率为 16×16 的小块进行顺序重建。由本书编码采样过程可知,本书测量矩阵 $\boldsymbol{\Phi}$ 为分块对角矩阵,矩阵元素里面有很多的零值,也就意味着在一次重建过程中输入的编码曝光图像数量越多,测量矩阵 $\boldsymbol{\Phi}$ 中零值的比例越高,其随机性越低,重建的效果就越差。再考虑到计算机的运算负担,本书方法一次性能够重建出来的高速视频帧数目是有限的。经过本书大量实验发现,一次运算过程输入的编码曝光图像序列数量 $K=4$ 时比较合适。

7.4　小　　结

本章提出了一种基于单个编码曝光相机重建高速视频信号的方法。高速视频数据存在着巨大的空间和时间冗余,且时间冗余要远大于其空间冗余。针对高速视频数据这一非对称结构特点,本章基于克罗内克积构造了三维双曲线小波基去同时稀疏表达高速视频数据的空间冗余和时间冗余。同时,考虑到 ℓ_1 凸优化模型可以灵活加入先验知识的特点,本章方法在重建模型中加入高速视频数据时间冗余的全变分正则化项来进一步提高重建高速视频帧的质量。最后通过最小化一个凸优化问题的解实现了从低帧率的编码曝光图像序列中稳定重建出高速率的视频帧。

参 考 文 献

[1]   邹谋炎. 反卷积和信号复原[M]. 北京: 国防工业出版社, 2001.

[2]   徐树奎. 基于计算摄影的运动模糊图像清晰化技术研究[D]. 长沙: 国防科学技术大学, 2011.

[3]   Levin A, Weiss Y, Durand F, et al. Understanding and evaluating blind deconvolution algorithms[C]. 2009 IEEE Conference on Computer Vision and Pattern Recognition (CVPR) 2009: 1964-1971.

[4]   Levin A, Weiss Y, Durand F, et al. Understanding Blind Deconvolution Algorithms[J]. IEEE Transactions on Pattern Analysis and Machine Intelligence (TPAMI), 2011, 33(12): 2354-2367.

[5]   Levin A. Blind Motion Deblurring Using Image Statistics[C]. Advances in Neural Information Processing Systems (NIPS) 2006.

[6]   Li Xu, Shicheng Zheng, Jiaya Jia. Unnatural L0 Sparse Representation for Natural Image Deblurring[C]. 2013 IEEE Conference on Computer Vision and Pattern Recognition (CVPR) 2013: 1107-1114.

[7]   Vollmer M, Möllmann K-P. High speed and slow motion: the technology of modern high speed cameras[J]. Physics Education, 2011, 46(2): 191-202.

[8]   Reddy D, Veeraraghavan A, Chellappa R. P2C2: Programmable pixel compressive camera for high speed imaging[C]. 2011 IEEE Conference on Computer Vision and Pattern Recognition (CVPR) 2011: 329-336.

[9]   Durand F, Szeliski R. Guest Editors' Introduction: Computational Photography[J]. IEEE Computer Graphics and Applications, 2007, 27(2): 21-22.

［10］ Lam E Y. Computational photography：advances and challenges［C］. Proceedings of SPIE 2011：81220O-81220O-81227.

［11］ Raskar R，Tumblin J，Mohan A，et al. Computational Photography［J］. EUROGRAPHICS，2006.

［12］ Suo J，Ji X，Dai Q. An overview of computational photography［J］. Science China Information Sciences，2012，55（6）：1229-1248.

［13］ Zhou C，Nayar S K. Computational Cameras：Convergence of Optics and Processing［J］. IEEE Transactions on Image Processing（TIP），2011，20（12）：3322-3340.

［14］ 徐树奎，张军，涂丹，等. 继承、颠覆与超越：计算摄影［J］. 计算机研究与发展，2012，49（1）：128-143.

［15］ Raskar R，Agrawal A，Tumblin J. Coded exposure photography：motion deblurring using fluttered shutter［J］. ACM Trans. Graph. ，2006，25（3）：795-804.

［16］ Candès E J. Compressive Sampling［C］. Proceedings of the International Congress of Mathematicians 2006：1433-1452.

［17］ Candes E J，Romberg J，Tao T. Robust uncertainty principles：exact signal reconstruction from highly incomplete frequency information［J］. IEEE Transactions on Information Theory，2006，52（2）：489-509.

［18］ Candes E J，Tao T. Near-Optimal Signal Recovery From Random Projections：Universal Encoding Strategies？［J］. IEEE Transactions on Information Theory，2006，52（12）：5406-5425.

［19］ Donoho D L. Compressed Sensing［J］. IEEE Transactions on Information Theory，2006，52（4）：1289-1306.

［20］ 高大化. 基于编码感知的高分辨率计算成像方法研究［D］. 西安：西安电子科技大学，2013.

［21］ Castleman K R. Digital Image Processing［M］. New Jersey：Prentice Hall，1998.

[22] Harris JL. Image Evaluation and Restoration[J]. Journal of the Optical Society of America,1966,56:569-574.

[23] Mcglamery B L. Restoration of Turbulence Degraded Images[J]. Journal of the Optical Society of America,1967,57(3):293-297.

[24] Helstrom C W. Image Restoration by the Method of Least Squares[J]. Journal of the Optical Society of America,1967,57(3):297-303.

[25] Slepian D. Linear Least-Squares Filtering of Distorted Images[J]. Journal of the Optical Society of America,1967,57(7):918-922.

[26] Pratt W K. Generalized Wiener Filter Computation Techniques[J]. IEEE Transactions on Computers,1972,C-21(7):636-641.

[27] Hant B R. Matrix Theory Proof of the Discrete Convolution Theorem[J]. IEEE Transactions on Audio and Electroacoustics,1971,Au-19(4):285-288.

[28] Hant B R. Application of Constrained Least Estimation to Image Restoration by Digital Computer[J]. IEEE Transactions on Computers,1973,C-22(9):805-812.

[29] Grewal M S,Andrews A P. Kalman Filtering:Theory and Practice[M]. New Jersey:Prentice Hall,1993.

[30] Wu W,Kwndu A. Image Estimation Using Fast Modified Reduced Update Kalman Filter[J]. IEEE Transactions on Signal Processing,1992,40(4):915-926.

[31] Citrin S,Azimi-Sadjadi M R. A Full-Plane Block Kalman Filter for Image Restoration[J]. IEEE Transactions on Image Processing (TIP),1992,1(4):488-495.

[32] Koch S,Kaufinan H,Biemond J. Restoration of Spatially Varying Blurred Images Using Multiple Model-Based Extended Kalman Filters[J]. IEEE Transactions on Image Processing (TIP),1995,4(4):520-523.

[33] 陈书海,傅录祥. 实用数字图像处理[M]. 北京:科学出版社,2005.

[34] Frieden B R. Restoring with Maximum Likelihood and Maximum Entropy [J]. Journal of the Optical Society of America,1972,62:511-518.

[35] Frieden B R. ,Graser D J. Closed-Form Maximum Entropy Image Restoration[J]. Optics Communications,1998,146:79-84.

[36] Willis M,Jeffs B D,Long D G. A New Look at Maximum Entropy Reconstruction[C]. Proceedings of the International Conference on Image Processing 1999:1272-1276.

[37] Willis M,Jeffs B D,Long D G. Maximum Entropy Image Restoration Revisited[C]. Proceedings of the International Conference on Image Processing 2000:89-92.

[38] 陈春涛,黄步根,高万荣,等. 最大熵图像复原及其新进展[J]. 光学技术,2004,30(1):36-39.

[39] Tikhonov A N,Arsenin V Y. Solutions of ill-Posed Problems[M]. New York: Wiley,1997.

[40] Leung C M,Lu W S. Optimal Determination of Regularization Parmneters and the Stabilizing Operator [J]. Signal Processing, 1995, 1 (7): 403-406.

[41] 沈峘,李舜酩,毛建国,等. 数字图像复原技术综述[J]. 中国图像图形学报,2009,14(9):1764-1775.

[42] Murli A,D'amom L,De Simone V. The Wiener Filter and Ragularizafion Methods for Image Restoration Problems[J]. Image Analysis and Processing,1999,11(2):394-399.

[43] Barakat V,Guilpart B,Goutte R,et al. Model-Based Tikhunov-Miller Image Restoration[C]. Proceedings of IEEE International Conference on Image Processing 1997:310-313.

[44] Richardson W H. Bayesian-Based Iterative Method of Image Restoration [J]. Journal of the Optical Society of America,1972,62(1):55-59.

[45] Luay L B. An Iterative Technique for the Rectification of Observed

Images[J]. The Astronomical Journal,1974,79(6):745-754.

[46] Dey N,Blance-Ferand L,Zimmer C,et al. Richardson-Lucy Algorithm with Total Variation Regularization for 3-D Confocal Microscope Deconvolution[J]. Microscopy Research and Technique,2006,69(4):260 -266.

[47] Sigelle M. A Cumulant Expansion Technique for Simultaneous Markov Random Field Image Restoration and Hyperparameter Estimation[J]. International Journal of Computer Vision,2000,37(3):275-293.

[48] 严佩敏,刘泓. 基于马尔可夫随机场和遗传算法的图像恢复[J]. 上海大学学报,2000,6(4):355-358.

[49] Molina R,Mateos J,Katsaggelos A K,et al. Bayesian Multichannel Image Restoration Using Compound Gauss-Markov Random Fields[J]. IEEE Transactions on Image Processing (TIP),2003,12(12):1642-1654.

[50] Belge M,Kilmer M E,Miller E L. Wavelet Domain Image Restoration with Adaptive Edge-Preserving Regularization[J]. IEEE Transactions on Image Processing (TIP),2000,9(4):597-608.

[51] Molina R,Nunez J,Cortijo F J,et al. Image Restoration in Astronomy:A Bayesian Perspective[J]. IEEE Signal Processing Magazine,2001,18 (2):11-29.

[52] 汪雪林,韩华,彭思龙. 基于小波域局部高斯模型的图像复原[J]. 软件学报,2004,15(3):444-449.

[53] 汪雪林,赵书斌,彭思龙. 基于小波域隐马尔可夫树模型的图像复原 [J]. 计算机学报,2005,28(6):1006-1012.

[54] Molina R,Mateos J,Abad J. Prior Models and the Richardson-Lucy Restoration Method[J]. The Restoration of Hst Images and Spectra,1994,52 (118):118-122.

[55] Kempen G,Vliet L. The Infuence of the Regularization Parameter and the Frst Estimate on the Performance of Tikhonov Regularized Non-Linear

Image Restoration Algorithms[J]. Journal of Microscopy,2000,198(1):
63-75.

[56] 吴显金. 自适应正则化图像复原方法研究[D]. 长沙:国防科学技术
大学,2006.

[57] Katkovnik V, Egiazariana K, Astola J. A Spatially Adaptive
Nonparametric Regression Image Deblurring[[J]. IEEE Transactions on
Image Processing (TIP),2005,14(10):1469-1478.

[58] Bar L, Kiryati N, Sochen N. Image Deblurring in the Presence of
Impulsive Noise [J]. Journal of Computer Vision, 2006, 70 (3):
279-298.

[59] Chantas G K, Galatsanos N P, Likas A C. Bayesian Restoration Using a
New Nonstationary Edge-Preserving Image Prior[J]. IEEE Transactions
on Image Processing (TIP),2006,15(10):2987-2997.

[60] Chantas G, Galatsanos N P, Likas A, et al. Variational Bayesian Image
Restoration Based on a Product of T-Distributions Image Prior[J]. IEEE
Transactions on Image Processing (TIP),2008,17(10):1795-1805.

[61] Zhou Y-T, Chellappa R, Vaid A. A Vaid. Image Restoration using a
neural Network[J]. IEEE Transactions on Acoust,Speech,Signal Pro-
cessing,1988,36(7):1141-1151.

[62] Paik J K,Katsaggelos A K. Image Restoration using a Modified Hopfield
Network[J]. IEEE Transactions on Image Processing (TIP), 1992, 7
(1):49-63.

[63] Nguyen N X. Numerical Algorithm for image supper resolution [D].
Stanford University Stanford University,2000.

[64] Neelamani R, Chor H, Baraniuk R. Forward:Fourier - Wavelet
Regularized Deconvolutionfor ill-Conditioned Systems[J]. IEEE Trans-
actions on Signal Processing,2004,52(2):418-433.

[65] Agrawal A,Xu Y. Coded exposure deblurring:Optimized codes for PSF

estimation and invertibility［C］. IEEE Conference on Computer Vision and Pattern Recognition（CVPR）2009:2066-2073.

［66］ Dai S, Wu Y. Motion from blur［C］. 2008 IEEE Conference on Computer Vision and Pattern Recognition（CVPR）2008:1-8.

［67］ Agrawal A,Raskar R. Optimal single image capture for motion deblurring ［C］. 2009 IEEE Conference on Computer Vision and Pattern Recognition （CVPR）2009:2560-2567.

［68］ McCloskey S. Velocity-dependent shutter sequences for motion deblurring ［C］. Proceedings of the 11th European Conference on Computer Vision （ECCV）2010.

［69］ McCloskey S,Yuanyuan D,Jingyi Y. Design and Estimation of Coded Exposure Point Spread Functions［J］. IEEE Transactions on Pattern Analysis and Machine Intelligence （TPAMI）, 2012, 34（10）: 2071-2077.

［70］ Tendero Y. The Flutter Shutter Camera Simulator［J］. Image Processing On Line,2012,2:225-242.

［71］ Jeon H-G, Lee J-Y, Han Y, et al. Fluttering Pattern Generation Using Modified Legendre Sequence for Coded Exposure Imaging［C］. 2013 IEEE International Conference on Computer Vision （ICCV）2013: 1001-1008.

［72］ 谢伟,秦前清. 基于倒频谱的运动模糊图像 PSF 参数估计［J］. 武汉大学学报,2008,33(2):128-131.

［73］ Moghaddam ME,Jamzad M. Finding point spread function of motion blur using Radon transform and modeling the motion length［C］. Proceedings of the Fourth IEEE International Symposium on Signal Processing and Information Technology 2004:314-317.

［74］ Ji H,Liu C. Motion blur identification from image gradients［C］. 2008 IEEE Conference on Computer Vision and Pattern Recognition （CVPR）

2008:1-8.

[75] Sun H,Desvignes M,Yan Y. Motion blur adaptive identification from natural image model[C]. 16th IEEE International Conference on Image Processing (ICIP) 2009:137-140.

[76] 段若颖,谌德荣,蒋玉萍,等. Radon 变换对短模糊尺度下匀速直线运动模糊参数的准确估计[J]. 兵工学报,2013,34(10):1231-1235.

[77] Levin A, Lischinski D, Weiss Y. A Closed-Form Solution to Natural Image Matting[J]. IEEE Transactions on Pattern Analysis and Machine Intelligence (TPAMI),2008,30(2):228-242.

[78] Agranal A, Xu Y,Raskar R. Invertible Motion Blur in Video[C]. SIGGRAPH 2009.

[79] Tai Y-W,Kong N,Lin S,Shin S-Y. Coded exposure imaging for projective motion deblurring[C]. 2010 IEEE Conference on Computer Vision and Pattern Recognition (CVPR) 2010:2408-2415.

[80] Tai Y-W,Tan P,Brown M S. Richardson-Lucy Deblurring for Scenes under a Projective Motion Path[J]. IEEE Transactions on Pattern Analysis and Machine Intelligence (TPAMI),2011,33(8):1603-1618.

[81] Shechtman E,Caspi Y,Irani M. Space-time super-resolution[J]. IEEE Transactions on Pattern Analysis and Machine Intelligence (TPAMI), 2005,27(4):531-545.

[82] Wilburn B,Joshi N, Vaish V et al. High Performance Imaging Using Large Camera Arrays [J]. ACM Transactions on Graphics (ATG), 2005,24(3):765-776.

[83] Agrawal A,Gupta M, Veeraraghavan A,Narasimhan S G. Optimal coded sampling for temporal super-resolution[C]. 2010 IEEE Conference on Computer Vision and Pattern Recognition (CVPR) 2010:599-606.

[84] Gupta M,Agrawal A,Veeraraghavan A,Narasimhan S G. Flexible voxels for motion-aware videography[C]. Proceedings of the 11th European

Conference on Computer Vision (ECCV) 2010:100-114.

[85] Bub G,Tecza M,Helmes M,et al. Temporal pixel multiplexing for simultaneous high-speed,high-resolution imaging[J]. Nature Methods,2010, 7(3):209-211.

[86] Jinwei G, Hitomi Y, Mitsunaga T, et al. Coded rolling shutter photography: Flexible space-time sampling[C]. 2010 IEEE International Conference on Computational Photography (ICCP) 2010:1-8.

[87] Veeraraghavan A, Reddy D, Raskar R. Coded Strobing Photography: Compressive Sensing of High Speed Periodic Videos[J]. IEEE Transactions on Pattern Analysis and Machine Intelligence (TPAMI),2011,33 (4):671-686.

[88] Holloway J, Sankaranarayanan A C, Veeraraghavan A, et al. Flutter Shutter Video Camera for Compressive Sensing of Videos[C]. 2012 IEEE International Conference on Computational Photography (ICCP) 2012:1-9.

[89] Wu X,Pournaghi R. High frame rate video capture by multiple cameras with coded exposure[C]. 2010 17th IEEE International Conference on Image Processing (ICIP) 2010:577-580.

[90] Hitomi Y,Jinwei G,Gupta M et al. Video from a single coded exposure photograph using a learned over-complete dictionary[C]. 2011 IEEE International Conference on Computer Vision (ICCV) 2011:287-294.

[91] Liu D,Gu J,Hitomi Y,et al. Efficient Space-Time Sampling with Pixel-Wise Coded Exposure for High-Speed Imaging[J]. IEEE Transactions on Pattern Analysis and Machine Intelligence (TPAMI),2014,36(2): 248-260.

[92] Sankaranarayanan A C,Studer C,Baraniuk R G. CS-MUVI: Video compressive sensing for spatial-multiplexing cameras[C]. 2012 IEEE International Conference on Computational Photography (ICCP) 2012:1-10.

［93］ Portz T,Zhang L,Jiang H. Random coded sampling for high-speed HDR video［C］. 2013 IEEE International Conference on Computational Photography（ICCP）2013:1-8.

［94］ Romberg J. Imaging via compressive sampling［J］. IEEE Signal Processing Magazine,2008,25（2）:14-20.

［95］ 焦李成,杨淑媛,刘芳,等. 压缩感知回顾与展望［J］. 电子学报, 2011,39（7）:1651-1662.

［96］ Gallardo J E,Cotta C,Ferndez A J. Finding low autocorrelation binary sequences with memetic algorithms［J］. Appl. Soft Comput. ,2009,9（4）: 1252-1262.

［97］ Ding C,Tang X. The Cross-Correlation of Binary Sequences With Optimal Autocorrelation［J］. IEEE Transactions on Information Theory, 2010,56（4）:1694-1701.

［98］ Jedwab J. A survey of the merit factor problem for binary sequences［C］. Proceedings of the Third international conference on Sequences and Their Applications 2005.

［99］ Golay M. A class of finite binary sequences with alternate auto-correlation values equal to zero（Corresp. ）［J］. IEEE Transactions on Information Theory,1972,18（3）:449-450.

［100］ Golay M J E. The merit factor of Legendre sequences（Corresp. ）［J］. IEEE Transactions on Information Theory,1983,29（6）:934-936.

［101］ Jensen J M,Jensen H E,Hoholdt T. The merit factor of binary sequences related to difference sets［J］. IEEE Transactions on Information Theory,1991,37（3）:617-626.

［102］ Hoholdt T,Jensen H E. Determination of the merit factor of Legendre sequences［J］. IEEE Transactions on Information Theory,1988,34（1）: 161-164.

［103］ Borwein P,Choi K K S,Jedwab J. Binary sequences with merit factor greater than 6. 34[J]. IEEE Transactions on Information Theory, 2004, 50(12):3234-3249.

[104] Baden J M. Efficient Optimization of the Merit Factor of Long Binary Sequences[J]. IEEE Transactions on Information Theory, 2011, 57 (12):8084-8094.

[105] 王凌. 智能优化算法及其应用[M]. 北京：清华大学出版社,2001.

[106] Cossairt O. Tradeoffs and Limits in Computational Imaging[D]. Columbia University, 2011.

[107] Wuttig A. Optimal transformations for optical multiplex measurements in the presence of photon noise [J]. Appl Opt, 2005, 44 (14): 2710-2719.

[108] 江川贵. 基于 CCD 和 CMOS 图像传感技术的机器视觉系统设计与研究[D]. 北京:北京邮电大学,2005.

[109] Healey G E, Kondepudy R. Radiometric CCD camera calibration and noise estimation[J]. IEEE Transactions on Pattern Analysis and Machine Intelligence (TPAMI), 1994, 16(3):267-276.

[110] Hasinoff S W, Durand F, Freeman W T. Noise-optimal capture for high dynamic range photography[C]. 2010 IEEE Conference on Computer Vision and Pattern Recognition (CVPR) 2010:553-560.

[111] Ratner N, Schechner Y Y. Illumination Multiplexing within Fundamental Limits[C]. 2007 IEEE Conference on Computer Vision and Pattern Recognition (CVPR) 2007:1-8.

[112] Liu C, Szeliski R, Kang S B et al. Automatic Estimation and Removal of Noise from a Single Image[J]. IEEE Transactions on Pattern Analysis and Machine Intelligence (TPAMI), 2008, 30(2):299-314.

[113] Ratner N, Schechner Y Y, Goldberg F. Optimal multiplexed sensing: bounds, conditions and a graph theory link[J]. Opt Express, 2007, 15 (25):17072-17092.

[114] 许秀贞,李自田,薛利军. CCD 噪声分析及处理技术[J]. 红外与激光工程,2004,33(4):343-357.

[115] 刘强,扈宏杰,刘金琨,等. 基于遗传算法的伺服系统摩擦参数辨识研究[J]. 系统工程与电子技术,2003,25(1):77-79,121.

[116] Agrawal A, Xu Y, Raskar R, et al. Motion Blur Datasets and Matlab Codes. In: 2009.

[117] McCloskey S. Temporally coded flash illumination for motion deblurring [C]. 2011 IEEE International Conference on Computer Vision (ICCV) 2011:683-690.

[118] Oliveira J P, Figueiredo M A, Bioucas-Dias J M. Blind Estimation of Motion Blur Parameters for Image Deconvolution[C]. Proceedings of the 3rd Iberian conference on Pattern Recognition and Image Analysis, Part II 2007.

[119] 谢飞,车宏,蔡猛,等. 一种基于倒频谱鉴别模糊参数的图像复原算法[J]. 电光与控制,2011,18(7):49-54.

[120] Biemond J, Lagendijk R L, Mersereau R M. Iterative methods for image deblurring[C]. Proceedings of the IEEE 1990:856-883.

[121] Schaaf A. vander, Hateren J. H. van. Modelling the power spectra of natural images: Statistics and information[J]. Vision Research, 1996, 36: 2759-2770.

[122] Ding Y, McCloskey S, Yu J. Analysis of motion blur with a flutter shutter camera for non-linear motion[C]. Proceedings of the 11th European Conference on Computer Vision (ECCV) 2010.

[123] Toft P. The Radon Transform-Theory and Implementation[D]. Electronics Institute, Technical University of Denmark, 1996.

[124] Ben-Ezra M, Nayar S. K. Motion deblurring using hybrid imaging[J]. IEEE Computer Society Conference on Computer Vision and Pattern Recognition, 2003:657-664.

[125] Ben-Ezra M, Nayar S. K. Motion-based motion deblurring[J]. IEEE Transactions on Pattern Analysis and Machine Intelligence (TPAMI) , 2004,26(6) :689-698.

[126] Tai Y W, Du H, Michael S. Brown, et al. Image/video deblurring using a hybrid camera[C]. IEEE Computer Society Conference on Computer Vision and Pattern Recognition (CVPR) 2008 :1277-1284.

[127] Li F, Yu J. Y. , Chai J. X. A hybrid camera for motion deblurring and depth map super-resolution[C]. IEEE Conference on Computer Vision and Pattern Recognition (CVPR) 2008 :1803-1810.

[128] Joshi N, Sing B K, Zitnick C. Lawrence, et al. Image Deblurring using Inertial Measurement Sensors[C]. In Proceedings of ACM SIGGRAPH 2010 :1-9.

[129] 金伟伟. 基于双目视觉的运动小目标三维测量的研究与实现[D]. 浙江:浙江大学,2010.

[130] 曹万鹏. 基于立体视觉的三维运动测量若干关键技术研究[D]. 哈尔滨:哈尔滨工业大学,2007.

[131] 彭勃. 立体视觉里程计关键技术与应用研究[D]. 杭州:浙江大学,2008.

[132] 张春森. 三维运动分析中的运动-立体双匹配约束[J]. 光学精密工程,2007,15(6) :945-950.

[133] 白明,庄严,王伟. 双目立体匹配算法的研究与进展[J]. 控制与决策,2008,23(7) :721-729.

[134] Scharstein D S R. A taxonomy and evaluation of dense two-frame stereo correspondence algorithms [J]. International Journal of Computer Vision,2002,47(1) :7-42.

[135] Lowe G. D. Distinctive image features from scale-invariant keypoints [J]. International Journal of Computer Vision,2004,60(2) :91-110.

[136] Michael M, Grabner H Bischof H. Horst Bischof. Fast Approximated

170

SIFT[J]. International Journal of Computer Vision, 2006, 38(51): 918-927.

[137] 明安龙,马华东. 多摄像机之间基于区域 SIFT 描述子的目标匹配 [J]. 计算机学报,2008,31(4):650-661.

[138] 赵钦君,赵东标,韦虎. Harris-SIFT 算法及其在双目立体视觉中的 应用[J]. 电子科技大学学报,2010,39(4):546-550.

[139] 于起峰,尚洋. 摄像测量学原理与应用研究[M]. 北京:科学出版 社,2009.

[140] 马颂德,张正友. 计算机视觉:计算理论与算法基础[M]. 北京:科 学出版社,1998.

[141] Beis J, Lowe D. G. Shape indexing using approximate nearest-neighbour search in highdimensional spaces[C]. IEEE Conference on Computer Vision and Pattern Recognition 1997:1000-1006.

[142] Longuet-Higgins C. A computer algorithm for reconstructing a scene from two projections[J]. Nature,1981,293:133-135.

[143] Rosenholm D. Multi - Point Matching Using the Least - Squares Technique for Evaluation of Three-Dimensional Models[J]. Photogrammetric Engineering and Remote Sensing,1987,53(6):621-626.

[144] Duarte M F, Baraniuk R G. Kronecker Compressive Sensing[J]. IEEE Transactions on Image Processing (TIP),2012,21(2):494-504.

[145] He C, Dong J, Zheng Y F, Zhigang G. Optimal 3-D coefficient tree structure for 3-D wavelet video coding[J]. IEEE Transactions on Circuits and Systems for Video Technology,2003,13(10):961-972.

[146] Wu X, Qiu T. Wavelet coding of volumetric medical images for high throughput and operability[J]. IEEE Transactions on Medical Imaging, 2005,24(6):719-727.

[147] Rivenson Y, Stern A. Compressed Imaging With a Separable Sensing Operator[J]. IEEE Signal Processing Letters,2009,16(6):449-452.

[148] Caiafa C F, Cichocki A. Computing sparse representations of multidi-mensional signals using Kronecker bases[J]. Neural computation, 2013,25(1):186-220.

[149] Zhang Y. Theory of compressive sensing via L1-minimization: A non-rip analysis and extensions. Rice University,2011.

[150] Baraniuk R, Choi H, Neelamani R, et al. Rice Wavelet Toolbox (RWT).